DAVID ROTHENBERG

Stadt der Nachtigallen

Berlins perfekter Sound

Aus dem Englischen
von Silvia Morawetz

Rowohlt

Die amerikanische Originalausgabe erschien 2019
unter dem Titel «Nightingales in Berlin. Searching For the Perfect Sound» bei University of Chicago Press, Chicago.

Deutsche Erstausgabe
Veröffentlicht im Rowohlt Verlag, Hamburg, Mai 2020

Satz aus der Minion Pro
Gesamtherstellung CPI books GmbH, Leck, Germany
ISBN 978-3-498-00156-8

Die Rowohlt Verlage haben sich zu einer nachhaltigen Buchproduktion verpflichtet. Gemeinsam mit unseren Partnern und Lieferanten setzen wir uns für eine klimaneutrale Buchproduktion ein, die den Erwerb von Klimazertifikaten zur Kompensation des CO_2-Ausstoßes einschließt.
www.klimaneutralerverlag.de

FSC www.fsc.org MIX Papier aus verantwortungsvollen Quellen FSC® C083411

گفتم این شرط آدمیت نیست
مرغ تسبیح گوی و ما خاموش

goftam in shart e adamiat nist,
morgh tasbih gooy o man khamoosh

Nicht ziemt's dem Menschen, dass er schweige,
Indes dem Herrn lobsingt der Vögel Chor.
– Saadi

INHALT

ANHANG

1 DER VOGEL IST FÜR UNS VERDORBEN

Überrascht es Sie, dass es in Berlin Nachtigallen gibt? Sie sind nach ihrem Start in Afrika Tausende von Meilen geflogen bis hierher, sind übers Meer gekommen wie Flüchtlinge der Lüfte. Ihr Gesang steigt aus tiefer Stille auf, ihre Stimmen brechen durch den Lärm der Stadt. Jeder hat einen Lieblingsast, zu dem er alle Jahre zurückkehrt. Das ist uns bekannt, und doch erscheint uns ihr Gesang, wenn sie wieder da sind, wie ein Wunder.

Aus allen Tagen, die man für ein Mitternachtskonzert im Treptower Park in Betracht ziehen könnte, haben wir aus irgendeinem Grund den 9. Mai ausgewählt, den Abend, an dem die Menschen zu Tausenden in den Park einfallen. Vor neunundsechzig Jahren endete der Zweite Weltkrieg, und der Park wird voller Menschen sein, wenn die Vögel zu singen beginnen. Der Ort selbst verleiht dem Datum noch größere Bedeutung. Hier wird der Schlacht um Berlin gedacht, während der in weniger als zwei Monaten hunderttausend Menschen den Tod fanden. Hier steht ein monumentales Kriegsdenkmal, von den Sowjets zur Erinnerung an ihren Sieg im einstigen Ostdeutschland errichtet.

Beim Betreten des Ehrenmals passiert man ein abstraktes konstruktivistisches Tor, bedrohlich, mit Hammer und Sichel. Am anderen Ende der Allee, circa einhundertfünfzig Meter weit entfernt, steht, mit Sockel und Hügel insgesamt dreißig Meter hoch, die Bronzestatue eines russischen Soldaten in einem langen Militärmantel, der ein Kind auf dem Arm hält, so als wolle er ihm versichern, dass ihm von dem Grauen, an das hier erinnert wird, keine Gefahr droht. Auf dem breiten Weg zu der hoch aufragenden Skulptur befinden sich sechzehn schwere Sarkophage aus Kalkstein, verziert mit realistischen Reliefs, auf denen der Verlauf der Schlacht und der Mut ihrer Kommandeure geschildert wird, darunter mehr als einmal ein Bildnis von Stalin persönlich.

Das wiedervereinigte Deutschland renovierte das Denkmal in Erfüllung seiner in den Zwei-plus-vier-Verträgen festgehaltenen Unterhaltsverpflichtungen, der erklärende Text am Eingang deutet jedoch auf eine gewisse Distanzierung von der ästhetischen Gestalt des Bauwerks hin: «Das heute in seiner Symbolkraft pathetisch übersteigert wirkende Denkmal ist vom Geschichts- und Kunstverständnis der Sowjetunion unter Josef Stalin geprägt, das sich durch Monumentalität, Heldenverehrung und Personenkult sowie den Anspruch auf Ausschließlichkeit auszeichnete.»

Die Geschichte lastet schwer auf diesem Ort, und doch gibt es hier stille Wälder, einen See und einen wunderschönen Fahrradweg längs der Spree. Der Treptower Park mit seinem Mix aus Bepflanzung, breiten Alleen und bröckelnden Überresten des Kommunismus ist die zweitgrößte städtische Parkanlange Berlins. Und hier ist der Ort, wo jedes Frühjahr einige Dutzend Nachtigallenmännchen ihr Revier besiedeln und wir durch die dunklen Schatten greifbarer Geschichte streifen und in Kontakt mit der ältesten Musik der Welt treten.

Berlin ist die europäische Großstadt, in der man den Gesang der Nachtigall am häufigsten hören kann, und die beste Zeit dafür ist von Ende April bis Ende Mai. In diesem Zeitraum kehren die männlichen Vögel von ihrem Zug nach Afrika zurück, errichten ihre Reviere und singen für ihre Partner, mit denen sie dann zusammen nisten und ihre Jungen aufziehen. Anfang Juni wird der Gesang seltener; die Vögel bleiben bis August in den Bäumen, sind jedoch wesentlich stiller. Werden die Abende wieder kühler, brechen sie in den Süden auf und sind bis zum folgenden Jahr nicht zu sehen. Doch dann kommen sie pünktlich zurück, oft zu exakt dem Nistplatz, den sie im Jahr zuvor eingerichtet haben.

Nachtigallen genießen Geräusche. Der Lärm von uns Menschen macht ihnen offenbar nichts aus, möglicherweise ist er für sie sogar ein willkommener Ansporn. Von allen Singvögeln sind die Nachtigallen – *Luscinia megarhynchos* – und ihre Schwesterart, die Sprosser – *Luscinia luscinia* – die beiden einzigen Spezies, die tendenziell eher in der Dunkelheit singen und nicht im Licht des frühen Morgens. Insofern sind sie auch Symbole für die Abenteuer und Sehnsüchte der klandestinen, unziemlichen Dunkelheit.

Nachtigallen werden in Mythen, in Liedern, Gedichten und Geschichten gepriesen, und ich hatte schon viel über sie gelesen, bevor ich das erste Mal ihren Gesang hörte. Der Dichter Matthew Arnold, für den die Nachtigall einen alten, allwissenden Reisenden verkörperte, schrieb 1853:

O Wanderer von Griechenlands Gestaden,
Nach vielen Jahren noch, in fernen Landen,
Hegst du verwirrt in Hirn und Herz
Den ungestillten wilden alten Schmerz …

Arnold hörte erst den schwachen Widerhall eines antiken Mythos, bevor er zugeben konnte, dass es ein echter Vogel war. So geht es den meisten von uns, wenn wir zum ersten Mal eine Nachtigall hören. Als ich schließlich einer echten Nachtigall begegnete, konnte ich nicht glauben, was ich da hörte. Der Gesang war *äußerst merkwürdig*. Eine Reihe von abgehackten Phrasen, ein Mischmasch aus rhythmischen Zwitscherern, in die Länge gezogenen Pfiffen und kuriosen kontrastierenden Geräuschen. Es war weder lieblich noch melodisch wie die vielgepriesenen Gesänge der Einsiedlerdrossel in Nordamerika oder der Amsel in Europa. Dies ähnelte eher einer Attacke mit seltsamen Rhythmen. Musik war es zweifellos, aber eine fremdartige Musik, der Groove einer anderen Spezies, eine an das menschliche Ohr ergehende Aufforderung, sich erst einmal einzuhören. Ich wollte *ergründen*, was die Nachtigall da tat, und in mir regte sich der Wunsch, eines Tages mit ihr zu spielen.

Können wir ihren Gesang also ernsthaft als Musik auffassen? Mit einer Transkription in Noten und Takte wird man ihm nicht gerecht werden. Sonogramme können helfen, doch solche Abbildungen wirken wie wissenschaftlicher Geheimcode. Johann Matthäus Bechstein, Pionier des Naturschutzes und Zoologe, unternahm in seinem Werk *Die Naturgeschichte der Stubenvögel* von 1795 den Versuch, den Gesang der Nachtigall in Worten wiederzugeben:

Tiuu tiuu tiuu tiuu
Spe tui squa
Tio tio tio tio tio tio tio tix
Qutio qutio qutio qutio
Squo squo squo squo
tsü tsü tsü tsü tsü tsü tsü tsütsü tsi
Quorror tiu squa pipiqui.
Sosososososososososososo Sirrhading!
Tsisisi tsisisisisisisisi
Sorre sorre sorre sorre hi;
Tsatn tsatn tsatn tsatn tsatn tsatn tsatn si,
Dlo dlo dlo dlo dlo dlo dlo dlo dlo dlo

Quiro tr *rrrrrrr* its
Lü lü lü lü ly ly ly ly li li li li
Quio didl li lulyi …

Das klingt und liest sich nicht wie menschliche Laute. In der Natur singt eine Nachtigall auch längst nicht so melodiös, wie es oft geschildert wird. Der Literaturwissenschaftler John Elder war ebenso überrascht wie ich, als er den Vogel auf seiner ersten Europareise hörte, und schloss daraus, dass unsere Begeisterung für den Gesang der Nachtigall gleichermaßen auf den Tonumfang und die Kraft des weithin durch die Bäume getragenen Lieds zurückzuführen ist wie auf dessen musikalische Eigenschaften. Der Vogel singt mit so viel Leidenschaft, dass man den Eindruck gewinnt, er würde, wenn es denn sein müsste, an seiner Musik sterben, wie die antiken Mythen implizieren.

Ich musiziere mit anderen Spezies und spüre ihnen auf der ganzen Welt nach, begleite sie mit der Klarinette, lebe in ihren Habitaten und kreiere Musik mit Klängen, die ich vielleicht niemals verstehen werde, aus Tönen, die nicht für mich gesungen werden. Ich passe mein Spiel so an, dass Klarinette und Nachtigall einen Klang entstehen lassen, den keiner von uns beiden allein hervorbringen könnte.

Dass ich das in der zweitgrößten Stadt Westeuropas tun kann, einer Stadt, in der fast vier Millionen Menschen leben, erfüllt mich mit besonderer Hoffnung. Am Londoner Berkeley Square singen zwar keine Nachtigallen mehr, wie es einst in einem berühmten Song hieß, doch im Treptower Park, in der grünen Oase an der Spree, wo Ost und West einst geteilt waren, sind sie überall.

In Berlin sind es nicht nur die Parks, in denen man auf Nachtigallen stößt: manche ziehen Bäume in stillen Stadtvierteln vor, hinter einem Spielplatz oder auf einer Brache, wo ihr Gesang durch den Amphitheater-Effekt der umgebenden Gebäude verstärkt werden kann. Ein Vogel ist berühmt dafür, dass er sich allnächtlich auf einer Ampel an der Hauptkreuzung in Alt-Treptow niederlässt, direkt neben der S-Bahn-Station und dem Eingang in den Park gelegen, so als habe er sich absichtlich die lauteste Stelle ausgesucht und wolle *beweisen*, dass sein Gesang durchdringender und ausdauernder ist als der Lärm ringsherum.

Berlin ist heute eine internationale Stadt, in der alle, die unbedingt Kunst machen wollen, heimisch werden. Du kannst dich jeder beliebigen Szene anschließen oder eine eigene begründen – es gibt ständig ein neues, noch nicht hippes Viertel, das darauf wartet, von der nächsten Gruppe besiedelt zu werden, die ein ausgebranntes Haus instand setzt oder ein verfallendes Fabrikgebäude bewohnbar macht. Berlin ist nach wie vor die erschwinglichste Hauptstadt für Menschen, die sich in Europa niederlassen wollen. Es ist eine Stadt, in der Menschen etwas Neues beginnen und nicht verlangen, dafür bezahlt zu werden. Man braucht nicht zwischen zwei Jobs hin und her zu hetzen für das Privileg, Kultur zu schaffen, wie man es in New York müsste. Die Stadt macht die Musik für dich. Vielleicht empfinden die Nachtigallen das genauso. Auch sie sind Außenseiter mit ihrem Gesang, der so seltsam und komplex ist, wie ihn kaum ein anderer Vogel auf der Welt hervorbringt. Er hat bestimmte stilistische und ästhetische Merkmale, mit deren genauer Beschreibung wir uns schwertun. H. E. Bates hat das bereits vor Jahrzehnten verstanden:

> Der Gesang der Nachtigall ist mit einer Spannung aufgeladen, deren Schönheit weit über das bloße Liebliche hinausgeht. Ihre Darbietung enthält oft viel mehr Momente der Stille als solche

stimmlicher Äußerungen, und diese Momente haben etwas Leidenschaftliches, eine Andeutung von Atemlosigkeit und wie durch Zauberkraft überwundener Hemmung. Es kann seltsamerweise verführerisch und verwirrend sein; das Lied beginnt oft mit einem leisen Glucksen, einem Zupfen der Saiten, einem gewissen Stimmen der Instrumente, und steigert sich plötzlich zu einem Crescendo aus Feuer und Honig, nur um danach mitten in der Phrase wieder abzubrechen. Darauf folgt ein lange andauerndes Warten auf die Wiederaufnahme der Phrase, das atemlose stumme Intervall, das so wunderschön ist.[1]

In Berlin sind nicht nur die meisten Nachtigallen, die in europäischen Städten leben, zu Hause, sondern auch die meisten Nachtigallen-Forscher. Sie arbeiten in einem Institut der Freien Universität in Dahlem, gegründet vom mittlerweile emeritierten Dietmar Todt. Heute wird das Institut, an dem eine weltweit führende Gruppe von Verhaltensbiologen forscht, von Constance Scharff geleitet. Silke Kipper betreut dort eine auf mehrere Jahre angelegte Studie zu den Nachtigallen im Treptower Park.

Für die Wissenschaftler von Interesse ist, wie Nachtigallen ihre Musik erwerben; sie werden nicht mit ins Gehirn eingepflanzten Liedern geboren. In der Tierwelt sind nur Wale, Delfine, Singvögel und der Mensch fähig, durch Laute zu lernen. Weder Schimpansen noch andere Primaten können das. Auch Wölfe, Hunde oder Katzen nicht. Und, für die Forschung von großer Bedeutung, auch Ratten nicht, die Tiere, die wissenschaftlich am häufigsten untersucht werden.

Die Forschungsgruppen wollen ergründen, wie sich das, was sie «stimmliches Lernen» nennen, bei Tieren entwickelt hat. Am einfachsten lässt sich das bei Vögeln untersuchen, und die Biologen haben den australischen Zebrafinken als modellhafte Spezies für ihre Studien zu dem Phänomen ausgewählt. Tausende Wissenschaftler weltweit forschen über das Gehirn und die Fähigkeiten dieses farbenfrohen Vogels zum stimmlichen Lernen. Das Lied der Zebrafinken ist ziemlich schlicht, das heißt: schlicht in seiner Struktur, nicht jedoch in der Ausführung. Seine Hervorbringung und Auswertung sind so komplex, dass Scharen von Wissenschaftlern auf Jahre hinaus damit beschäftigt sind.

Auftritt der Nachtigallen: Ihr Gesang unterscheidet sich in jeder nur denkbaren Hinsicht von dem der Zebrafinken. Er ist laut, ausdauernd, vielfältig gegliedert und musikalisch – ein drastisches Beispiel dafür, was die Evolution durch sexuelle Selektion hervorbringt, nachdem Generationen von Vogelweibchen immer feiner ausgestalteten und nuancierteren Gesang bevorzugt haben. Wie schreitet diese Verfeinerung voran? Kommt es auf die Balance von Lautstärke und Ton, Pfeifen und Knacken, von Gleichheit und Differenzierung an, auf eine Ästhetik, so schwer fasslich wie alle Musikstile des Menschen? Das hängt vom vorhandenen Wissensstand ab. Und der wiederum hängt von den Fragen ab, die wir stellen.

Es ist nach 23 Uhr, und die Menschen verlassen nach dem alljährlichen Gedenkkonzert langsam den Treptower Park. Ich schlendere dort herum, höre die Nachtigallen, die behutsam zu singen beginnen, und bleibe auf ein Bier an einem kleinen Kiosk stehen. Ein Mann läuft mir in die Arme und hört, dass ich englisch spreche. «Hey, sind Sie Amerikaner? Was machen Sie hier? In dieser Nacht der Nächte?» Er sieht mich aus kurzer Entfernung an, Wodka im Atem.

Seine Freund zieht ihn zurück. «Sie müssen Juri entschuldigen», sagt der Begleiter mit starkem russischen Akzent. «Er hat ein bisschen zu viel getrunken.»

Juri spuckt auf den Boden und entfernt sich grölend, wirft mir beim Abgang finstere Blicke zu. Sein Freund ist verträglicher. «Ich heiße Oleg. Darf ich Sie etwas fragen?»

Ich trinke bedächtig einen kleinen Schluck Bier. «Klar. Warum nicht?»

«Warum behauptet ihr Amerikaner, ihr hättet den Krieg gewonnen? Ihr habt 25 000 Soldaten verloren. Russland hat 25 *Millionen* verloren. Es stand euch nicht zu, den Krieg zu gewinnen.»

Meine Geschichtskenntnisse sind nur vage. Kämpften wir und die Russen im Krieg nicht auf derselben Seite? Tatsächlich haben viel mehr Russen ihr Leben gelassen. Es war aber schließlich auch ihr Kontinent. Und auf dem stehen wir nun, trinken zusammen, wo sich eine der größten Schlachten des Krieges ereignete. Die Felder sind grün und die Bäume groß.

Meine Gedanken kehren zu den Nachtigallen zurück. Die BBC machte Aufnahmen von Beatrice Harrison, die in ihrem Garten in Kent den Nachtigallen Elgar und Brahms auf dem Cello vorspielte. Es war, als dieses Experiment in den zwanziger Jahren gewagt wurde, das erste im Radio übertragene Freiluftkonzert gewesen. Seitdem wurde das Ritual jedes Jahr wiederholt.

Bis zum Beginn des Kriegs. Genau in dem Moment, als die BBC mit der Aufnahme der Vögel begann, hörte man das Dröhnen alliierter Bomber, und der Sender brach die Übertragung ab, um den Feind nicht aufmerksam zu machen. Erst Jahre später wurde die tief bewegende Aufnahme, auf der man die brummenden Bomber der Royal Air Force zusammen mit singenden Nachtigallen hört, ausgestrahlt, eine ernste Mahnung, dass die Musik der Natur vom Bedürfnis nach Kampf und Töten nicht unterdrückt werden kann.

Diese rätselhaften Lieder sind mitten unter uns, ewig unerreicht von unserer Verstandeskraft. Ich bin mir sicher, dass die Nachtigallen auch in dem schicksalhaften Frühjahr 1945 gesungen haben, als so viele Russen beim Angriff auf Berlin ihr Leben ließen.

Nachtigallen singen in allen Kriegen. Sogar im Ersten Weltkrieg hörte ein Soldat während einer Schlacht die herrlichsten Töne in den Baumwipfeln. In einem Klassiker über unseren Vogel, *The Nightingale: Its Story and Song*, schreibt Oliver Pike, eines der besten Konzerte, das er je von einer *rossignol* hörte, habe während einer Schlacht in einem Wald in Frankreich 1916 stattgefunden:

> Grelle Blitze erhellten den Wald, während Dutzende von Leuchtkugeln über uns hinwegflogen, für ein, zwei Sekunden aufflackerten und erloschen. Mit fortschreitender Zeit nahm die Schwere des Beschusses zu, der ganze Boden bebte förmlich unter der Wucht der Einschläge, als mit einem Mal eine herrliche Melodie ertönte.
>
> Zuerst schien die Nachtigall noch zu zögern, und es gab Pausen zwischen den Gesangssalven, doch als das Bombardement stärker wurde, nahm der Vogel die Herausforderung an. Wir hätten die ganze Welt absuchen können und sicher Mühe gehabt, einen größeren Widerspruch zwischen der wunderschönen Harmonie dieses Gesangs und dem entsetzlichen Misston der detonierenden Granaten zu finden. Doch so plötzlich, wie das Lied begann, hörte es auch auf, denn eine Granate explodierte unter dem Sänger, und der Baum, auf dem er saß, wurde in tausend Stücke zerfetzt, und der kleine Vogel, der die wartenden Soldaten unterhalten hatte, kam zusammen mit fünf tapferen Männern zu Tode.[2]

Vogelgesang während einer Schlacht steht mit seiner Schönheit in einem krassen Gegensatz zum Schrecken. Im Weiteren erteilt Pike in seinem Buch denen, die Nachtigallen zum Singen animieren wollen, sogar praktische Ratschläge – und das bereits 1932:

> Ein ums andere Mal habe ich gezeigt, dass man, wenn man eine Nachtigall zu Höchstleistungen anspornen möchte, für eine konträre Unterhaltung sorgen *muss*, in der ihr Gesang beinahe untergeht. Oft bringt der Lärm einer schrillen Autohupe einen Vogel zum Singen. Ich schlage vor, dass die BBC, wenn sie das nächste Mal Nachtigallengesang senden will, in hundert Metern Entfernung vom Sänger eine Batterie großer Trommeln aufbaut. Dann werden die Zuhörer hören, was für eine wunderbare Musik dieser Vogel machen kann.[3]

Nachdem ich mit Oleg und Juri fast eine Stunde über die Last der Geschichte debattiert habe, erzielen wir doch noch eine gewisse Verständigung, allerdings nur, weil ich zum Zuhören bereit war. «Na ja» (den Arm um meine Schulter gelegt, hat Oleg besseren Stand), «zumindest einen Amerikaner gibt es hier, dem ich vertrauen kann», sagt er, bevor er und seine Freunde in die Nacht davontorkeln.

Alle scheinen den Park zu verlassen, ich kann es gar nicht glauben. Es ist eine halbe Stunde vor Mitternacht, und die Festlichkeiten sind vorüber. Eigentlich wird Berlin jetzt doch erst richtig wach! Zumindest die Nachtigallen werden wach. Um Mitternacht bin ich mit meinem Publikum verabredet, und wir werden in die Nacht gehen und auf den perfekten Augenblick warten, in dem Menschen in den Gesang einer Nachtigall einstimmen können.

Ein kleiner Trupp passionierter Pioniere speziesübergreifender Musik kommt um Mitternacht an der S-Bahn-Station an. Wir fürchten uns nicht vor Regen oder vor den wenigen russischen Zechern, die noch im Park herumstreunen. Und wir wissen, dass eine Nachtigall vor nichts Angst hat. Rosa Luxemburg hat es einmal von ihrem Zellenfenster aus beobachtet:

> Dann wurde ich um 6, wie immer, wieder eingesperrt, saß traurig mit einem dumpfen Druck am Fenster, denn es war schwül, und blickte hinauf, wo unter weißen flockigen Wolken auf pastellblauem Grund in schwindelnder Höhe die Schwalben munter herumschossen und mit ihren spitzen Flügeln die Luft wie mit Scherchen zu zerschneiden schienen. Bald verdunkelte sich aber der Himmel, alles verstummte, und es gab ein Gewitter mit heftigem Platzregen und zwei krachenden Donnerschlägen, bei denen alles erbebte. Darauf folgte ein Bild, das mir unvergesslich bleibt. Das Gewitter hatte sich bald weiter verzogen, der Himmel wurde dick einfarbig grau, eine stumpfe, fahle, gespenstische Dämmerung senkte sich plötzlich auf die Erde, es war, wie wenn dichte graue Schleier herabhingen; der Regen rieselte ganz leise und gleichmäßig auf die Blätter, das Wetterleuchten flammte einmal über das andere purpurrot in das bleierne Grau auf, und ein fernes Grollen des Donners rollte immer wieder wie letzte schwache Wellen einer Brandung heran. Und mitten in all dieser gespenstischen Stimmung schlug plötzlich vor meinem Fenster auf dem Ahorn die Nachtigall! Mitten in all dem Regen, im Wetterleuchten, im Donner schmetterte sie wie eine helle Glocke, sie sang wie berauscht, wie besessen, wollte den Donner übertönen, die Dämmerung erhellen – ich habe nie so Schönes gehört. Ihr Gesang wirkte auf dem Hintergrund des abwechselnd bleiernen und purpurnen Himmels wie leuchtendes Silbergeflimmer. Das war so geheimnisvoll, so unbegreiflich schön, und ich wiederhol-

te unwillkürlich den letzten Vers jenes Goethe'schen Gedichts: «O wärst Du da!» …[4]

So viel Gesang von einem kleinen braunen Vogel, warum? Es ist in der Tat unmäßig – und riskant. Ein Nachtigallenmännchen, das nachts stundenlang auf einem Ast sitzt und pausenlos singt, kann leicht von einer Eule erbeutet werden. Die Nachtigall lässt es aber darauf ankommen. Nach Darwins Theorie der sexuellen Selektion hat der Vogel die Ausbildung von so viel Schönheit einzig der Kennerschaft des Weibchens zu verdanken. Nur das Weibchen weiß, welches Lied das beste Lied ist. Der Evolutionsbiologe und Ornithologe Richard Prum sagt, dies sei der Grund dafür, weswegen man von einer «Kunstwelt» sprechen müsse, in der die Musik der Nachtigallen entstand, deren Evolution mit der Evolution einer Ästhetik der Anerkennung seitens der Vogelweibchen einhergeht.[5] Wir Menschen können ihr lauschen, können beobachten, Vermutungen anstellen, berechnen, messen und es wagen, mit ihnen zu musizieren, ein vollständiges Eintauchen in die Nachtigallen-Ästhetik bleibt uns aber weiter verwehrt. Wir sind noch nicht in den Genius der Nachtigall vorgedrungen. Das hindert uns jedoch nicht daran, es zu versuchen.

Gefällt es Nachtigallen, mit Menschen zu musizieren? In der gründlichsten Studie zur Reaktion von Nachtigallen auf Playbacks von Gesang ihrer eigenen Spezies, durchgeführt in den Siebzigern von Henrike Hultsch und Dietmar Todt, entdeckten die Forscher drei Arten der Resonanz von Nachtigallen auf fremde neue Musik in ihrer Mitte. Erstens: Fühlt der Sänger sich in seinem Territorium bedroht, wird er versuchen, die unbekannten Töne zu unterbrechen – was die Forscher als «Störung des Signals» bezeichneten – und zu verhindern, dass unbekannte Nachrichten durchdringen, indem er ihnen so häufig wie möglich in die Quere kommt. Das ist die aggressive Reaktion. Er kann aber, zweitens, auch anders antworten. Ein Nachtigallenmännchen, das auf seine territoriale Souveränität vertraut, das dich und deine Klarinette oder dein iPad oder Cello oder deine Stimme nicht als Bedrohung wahrnimmt, wird sich anhören, was du spielst, einen Augenblick abwarten, danach mit eigenem Gesang antworten und schließlich wieder pausieren. Gibst du ihm Raum zur Entfaltung und hörst nach einer kurzen gespielten Phrase wieder auf, wird der Austausch insgesamt als freundliche Kenntnisnahme aufgefasst, als Gedankenaustausch unter allen beteiligten Musikern, die dem anderen Raum lassen und akzeptieren, dass wir alle einen Platz und ein Lied haben.

Und drittens: Eine Nachtigall, die sich als Spielführer begreift – als Chefvogel, als den besten Sänger im ganzen Park –, wird tun, was immer sie will, vielleicht das Spiel stören, vielleicht andere mitspielen lassen, so lange singen, wie sie lustig ist, weil sie sich, von ihrer eigenen Bedeutung überzeugt, um dich nicht schert. So ein Vogel singt, als wäre außer ihm selbst niemand da.

Wir alle kennen Musiker, die in diese drei Kategorien fallen.

Musikalisch betrachtet kann es schnell haarig werden, eine scharfe Grenze zwischen Pause und gemeinsamem Spiel zu ziehen. Was der eine als Blockierung des Signals hört, kann ein anderer schlicht als Improvisieren wahrnehmen, als einen Versuch, gemeinsam interessante Musik zu machen. Musik ist ja kein einfaches Signal. Es hängt von der jeweiligen Auffassung ab, worum es bei Musik geht, sei sie von Menschen oder von Vögeln gemacht. Vielleicht sind Kunstfertigkeit und Kunstform nicht nur Werbung für das jeweilige Territorium und Können, sondern der Versuch, gemeinsam etwas erschaffen zu wollen, was keine Spezies allein könnte.

Es waren hauptsächlich diese Überlegungen, weswegen ich Menschen und Nachtigallen zusammenbringen wollte, um speziesübergreifend zu musizieren. Dank gezielter Streuung in geeigneten sozialen Medien hatten sich um Mitternacht über hundert Personen an der S-Bahn-Haltestelle am Treptower Park eingefunden und folgten uns zu der idealen Location, ein Wäldchen vom Spreeufer entfernt, wo unser Lieblingsvogel, mit dem wir an vorausgegangenen Tagen geprobt hatten, zur Vorstellung bereit war.

Ich bin auch bereit, live mit den Vögeln zu spielen, mein erstes Konzert vor einem aus mehr als einer Person bestehenden Publikum. Beim Spielen mit einer Nachtigall tut sich ein Fenster zum Unbekannten auf, entsteht der Ansatz einer Kommunikation mit einem Geschöpf, das nicht unsere Sprache spricht. Das Hin und Her zwischen reinen Tönen, die auf Klick- und Summtöne treffen, erzeugt keinen Code, sondern einen Groove, ein Amphitheater des Rhythmus, in dem wir alle Platz finden wollen.

Die Vögel geben sich gegenseitig Raum; sie wechseln zwischen Vor- und Zurücktreten ab, lassen sich nicht unterkriegen, nehmen mich vielleicht sogar freundlicher auf denn je. Sogar ein ab und zu in der Ferne ertönender Ruf findet sein Unterkommen: Alle Klänge werden begrüßt. Schließlich ein Kreischen. Bläst da jemand auf einem Grashalm? Wird das unseren Vogel verstummen lassen? Keineswegs, nichts bringt ihn dazu. Denn zum Singen ist er geboren.

Ich möchte Ihnen eine Besonderheit beim Jammen mit Vertretern einer anderen Spezies vermitteln, weiß aber nicht, ob «jammen» das richtige Wort dafür ist. Finden Sie das vielleicht zu flapsig? Mucke machen? Mit anderen mitspielen? Einen gemeinsamen Nenner finden? Speziesübergreifende Musik ist naturgemäß Musik, die keine Spezies allein machen kann. Und das Ganze sollte, wenn es denn funktioniert, größer sein als seine Teile, genau wie die Natur größer ist als jede einzelne Spezies, die ein Teil von ihr ist. Wir sind alle ein Teil davon, und keine Spezies ist eine Insel. Es ist bereichernd für uns, wenn wir allen anderen Lebewesen mehr Beachtung schenken.

Ein Lied oder viele: Wonach steht dem Vogel der Sinn? Viele Lieder nacheinander, bis hin zu mehreren hundert in einem Anfall von Sangeslust, oder eines, das aus vielen unterschiedlichen Riffs und Phrasen besteht? Wie viel Pause zwischen den Riffs? Wie viel *Zuhören* findet in diesen Phasen der Stille statt? Ich möchte ebenso zuhören, wie der Vogel es tut. Wir wollen nicht einer den anderen übertrumpfen – wir streben nach gegenseitigem Verständnis. Die Musik, die wir zusammen machen, ist ja kein Krieg.

Ich werde oft gefragt, wie sich das anfühlt, und meine Antwort ist nie gut genug. Ich kann nur Musik spielen, die auf den Moment und die Anwesenheit der Vögel eingestellt ist, und ihren Liedern und den Pausen dazwischen Raum geben, mehr nicht. Sie als Ebenbürtige behandeln, mit denen ich nicht sprechen kann. Es war sehr bewegend, eine Stunde nach dem Ausklingen der russischen Feierlichkeiten, als sich eine merkwürdige Stille über die Nacht senkte, eine geduldige Zuhörerschaft im Treptower Park zusammenzubringen. Erst dann waren die Vögel für uns bereit, als ob sie die lärmende Feier aus Anlass des Kriegsendes genossen hätten.

Sie haben keine Angst vor uns. Sie leben mit uns zusammen, in ihren grünen Festungen versteckt, und warten auf den richtigen Augenblick für ihren Einsatz. Wir würdigen ihren Gesang, indem wir ihn als solchen bezeichnen, ihn als etwas betrachten, was es wert ist, als Musik ernst genommen zu werden, und indem wir uns nach Möglichkeit daran beteiligen. Ich sage das wieder und wieder, spreche es wie einen Kehrreim. Dieselbe einfache Aussage, eine einfache Möglichkeit, die Natur zum Thema zu machen. Hören Sie ihr zu. Sitzen Sie nicht passiv davor, lieben Sie sie so sehr, dass Sie bei ihrer Musik mitspielen wollen. Sie lässt Ihnen Raum.

Die Nachtigall ist ein berühmter Vogel. Jede Sprache hat etwas Kluges über sie zu sagen und dabei vergeblich versucht, einen Klang zu erfassen, der ja nicht dafür gemacht ist, dass wir ihn verstehen. Dennoch kann nichts unseren Drang, ihn zu begreifen, bremsen. In einigen Idiomen bedeutet der Name Nachtigall «eintausend Stimmen», in anderen «der Klang der Nacht». *Eos, solowej, fülemüle, urretxindor, ushag-oie, passirilanti, rietumu lakstigala, satakieli* und *bülbül*, abgesehen von den bekannteren *rossignol* und *ruiseñor*. Bei manchen scheint es sich um seltsame Onomatopoesie zu handeln, die seine Fähigkeit zu betören widerspiegelt. Ich bilde mir ein, dass das Wort Nachtigall in irgendeiner dieser Sprachen eigentlich «Rhythmenverrückter» bedeutet, und werde den Gedanken nicht los, dass Rhythmen für diesen Sänger wichtiger sind als einzelne Töne, denn erst durch die Pausen zwischen den Beats haben wir überhaupt die Möglichkeit zum Mitmachen. Der Vogel lässt Raum, für seinesgleichen oder auch alle anderen. Er stachelt uns an, ihm zu antworten.

Wie stets bei fremdartiger Musik sind die Klänge der Nachtigall desto zugänglicher, je mehr Zeit man ihnen widmet. Wenn Sie glauben, Sie hätten verstanden, machen Sie weiter. Hören sie weiter zu. Schalten Sie nicht gleich ab, wenn Sie die Spezies identifiziert haben, die da singt. Denken Sie daran, Hören kann heißen, den Namen des Vogels zu vergessen, den man hört. Bedenken Sie, dass der Gesang dem Vogel mehr bedeutet, als er Ihnen je bedeuten kann. Sind Sie Musiker, musizieren Sie mit.

Die Nachtigall hält bei ihrem Vortrag nach jeder Phrase kurz inne und gewährt Ihnen einen Moment Bedenkzeit, die Sie dazu nutzen können, die Herausforderung anzunehmen oder zu übergehen, je nach eigener Stimmung. Es ist ein musikalischer Mikrokosmos, eine Studie in Gleichartigkeit und Differenz, in Wiederholung und Neuerung, in Geräusch und Rhythmus versus Melodie und reiner Ton. Es ist immer mehr und zugleich weniger als alles, was wir hinzugeben oder wegnehmen können. Ihre Rhythmen sind nicht langweilig, ihre Melodien überraschen in einem fort. Wir bekommen ihn nie *ganz zu fassen*, diesen nicht für Menschenohren bestimmten Gesang.

Ich mache mich gerade daran, mein Instrument auszupacken, da sehen wir sie – unsere Freunde, die Wissenschaftlerin Silke Kipper und ihre Kollegin Sarah Kiefer, die an der Freien Universität das Forschungsprojekt Nachtigallen leiten. Genau zu diesem Zeitpunkt wollen sie ein paar Playback-Experimente mit demselben Vogel durchführen und sind nicht erfreut, uns zu sehen. «Was machen Sie hier, David? Das ist unser Forschungsgebiet, wie Sie wissen. Wir wollen nicht, dass Sie unsere Datensammlung verderben.»

Wir hatten darüber gesprochen. «Ich weiß», sage ich entschuldigend. «Aber dieser Vogel ist etwas ganz Besonderes. Wir haben viele gehört, kommen aber immer wieder zu ihm zurück.»

«Woher wissen Sie das?»

«Ich hab erst neulich nachts hier gespielt.»

«Gespielt? Was?»

«Klarinette. Gesang. Elektronik.»

«Was für Elektronik? Ich habe Sie eben gehört, und das klingt, als hätten sie Nachtigallenlieder auf dem iPad.»

Ich gebe es zu. «Ja, wir sampeln den Vogel und spielen ihm seinen eigenen Gesang vor. In Loops. Als Remix. Mit wechselnden Tonhöhen. Zerstückelt.»

Im Schein meines iPads sehe ich ihr die Enttäuschung im Gesicht an. «Der Vogel ist für uns nicht mehr brauchbar!»

«Wie meinen Sie das?»

«Wir haben nichts dagegen, wenn Sie ihm auf der Klarinette oder dem Cello vorspielen und ihm vorsingen. Aber ihm *seinen eigenen Gesang* vorspielen, das ist ein Playback-Experiment, und das veranstalten *wir* gerade. Ich hoffe, Sie haben die *Genehmigungen*, die für die Durchführung von Experimenten mit Wildtieren erforderlich sind!»

«Uns geht es nur darum, zusammen mit Vögeln zu musizieren.»

«Sie haben sich in unsere Forschungsarbeit eingemischt. Haben auf das Gehirn des Vogels eingewirkt, auf sein ästhetisches Empfinden. Wer *weiß*, was Ihre Musik ihm angetan hat!»

Ich bin etwas überrascht von ihrem Zorn. «Wir befinden uns hier nicht gerade in unberührter Natur, oder? Vor wenigen Stunden war dieser Platz überschwemmt von russischen Liedern, mit denen das Ende des Zweiten Weltkriegs gefeiert wurde! Hat das die Nachtigallen beeinträchtigt? Die Vögel hören alle möglichen menschlichen Geräusche, von früh bis spät, jeden Tag.»

«Sicher, aber es sind *ihre eigenen Laute*, die sie am meisten interessieren.»

«Woher wissen Sie das?»

«Menschen interessieren sich am meisten für die Laute anderer Menschen. Deswegen sprechen wir miteinander oder singen gemeinsam.»

«Und manche von uns singen gern mit Vögeln.»

«Und verschwenden keinen Gedanken daran, ob ihnen das gefällt oder nicht.»

«Ich weiß nicht einmal mit Sicherheit, ob anderen *Menschen* Musik gefällt. Ich lerne aber aus ihrer Reaktion, genauso wie aus der der Vögel.»

«Und was, wenn Sie die Vögel in Unruhe versetzen?»

«Nach meinem Eindruck hält nichts von dem, was wir tun, sie vom Singen ab.»

«Wenn Sie ihre Paarungserfolge nicht aufzeichnen, erfahren Sie auch nicht, ob Sie ihre Paarungs- und Fortpflanzungsfähigkeit beeinflusst haben.»

«Auch das kann ich nicht einmal bei Menschen angeben, und trotzdem verbringen wir viel Zeit mit Musizieren.» In diesem Moment ertönt Kichern aus dem kleinen Grüppchen, das unser Gespräch verfolgt hat.

Silke seufzt. «Ich gebe mich geschlagen. Hören Sie, Sie haben eine Menge Leute hier versammelt, und die wollen Sie ja nicht enttäuschen.» Sie wendet sich geknickt ab und murmelt vor sich hin. *Verdorben, verdorben, wieder ein Experiment verdorben …*

«Warten Sie!» Ich laufe ihr nach. «Sie haben vollkommen recht, wir sollten nicht hier sein. Es ist Ihr Forschungsareal, ich weiß. Von jetzt an bleiben wir in anderen Parks. Ihr Labor hat schon so viele Erkenntnisse geliefert, da wollen wir nichts in Unordnung bringen. Wir werden alle auffordern, ein Stück flussabwärts zu ziehen, zu einem anderen Vogel am Rand des Parks. Machen Sie weiter.»

Und damit lasse ich die ganze Meute aufstehen und zum nächsten Vogel und einem neuen Klang weiterwandern. Die Daten anderer verfälschen, das will ich wirklich nicht. Ich will die Wissenschaftler auf meiner Seite haben! Ich will auch in Zukunft mit ihnen zusammen Artikel schreiben, will sie dazu ermutigen, Musikalität in Zahlen zu erfassen, denn das möchte ich selbst nicht tun. Wissenschaftliche Exaktheit ist wichtig, und jemand sollte sich auf die Weise der Schönheit des Nachtigallengesangs widmen. Mehr und lauter ist nicht zwangsläufig besser, auch wenn es sich leichter messen lässt.

Auch der nächste Vogel enttäuscht nicht. Er ist bereit, sich gegen hundert erwartungsvolle Menschen zu behaupten, von denen keiner eine echte Gefahr darstellt, ganz im Gegenteil, denn sie sitzen ehrfürchtig vor ihm, als der unergründliche Gesang beginnt. Im Geiste befinde ich mich – halb Mensch, halb Vogel – in einem seltsamen Zwischenreich zwischen Natur und Technik, Dunkelheit und Licht, Erde und Himmel. Ich atme ein und blase einen Ton, der dieses Millionen Jahre alte Lied aufgreift.

Die Nachtigall singt weiter ihre rätselhaften Melodien. Ich störe sie wohl *doch*, wie die Wissenschaftler meinen, spüre als Musiker aber, dass sie es genießt, von einem Musiker aus einer anderen Spezies ernst genommen zu werden. In diesem einen Vogel lauschen wir allen Vögeln. Wir erforschen diese interaktiven Songs und die Stille. Die Laute der Welt legen sich in Schichten einer über den anderen, während wir uns bemühen, alles jemals Gehörte in Erinnerung zu behalten. Ich denke im Stillen: Ich gehe dem auf den Grund. Ich finde heraus, was ich den Wissenschaftlern sagen muss, damit sie den Gedanken akzeptieren, dass Natur und Menschheit zusammenleben können. Ich will ihnen nicht die Daten vermasseln, aber auch nicht verleugnen, dass Musik einen Beitrag zum Verstehen unserer Umwelt leisten kann. Ich will dafür arbeiten, Sie alle davon zu überzeugen.

Zunächst spiele ich bloß zusammen mit diesem phantastischen Vogel, noch ganz naiv. Ein Jahr später werde ich wieder hier sein und den Mix der Spezies um einige zusätzliche Musiker erweitern. Ich werde mich lesend und hörend gründlich in das Thema einarbeiten und versuchen, mir so viel Wissen anzueignen, wie ich kann. Vielleicht kommt ja etwas dabei heraus, vielleicht auch nicht. Jetzt kenne ich ein paar Vögel und kenne die Bäume, zu denen sie wiederkehren werden. Schauen wir nächstes Jahr, ob wir recht haben.

2 DER SHARAWAJI-EFFEKT

Beim Gesang einer Nachtigall hören einige von uns Poesie, während andere Zahlen und Tabellen vor sich sehen. Wie bringe ich in Erfahrung, wann ihr Lied zu dem Ort «passt», an dem es gesungen wird? Dafür muss ich im Freien zuhören. Die Nachtigallen, die wir gefunden haben, leben nicht überall, sondern in Berlin. Meiner Meinung nach passen sie akustisch dorthin und sorgen auf einzigartige Weise für Berlins lebendigen Klang. Diese Ahnung führt mich zu etwas, was Shawaraji-Effekt genannt wird und wovon ich zum ersten Mal bei einem schwedischen Fachmann für singenden Grillen gehört habe.

Äußerlich hat Lars Frederiksson mehr Ähnlichkeit mit einem chinesischen Weisen als die meisten Männer, denen man in China begegnen würde, abgesehen von seinen stechenden blauen Augen vielleicht. Er geht in einem zerschlissenen langen Mantel herum, trägt einen ergrauenden Fu-Manchu-Bart und spricht fließend Mandarin. Er würde wohl überall auf der Welt deplatziert wirken. Er selber nennt sich lieber «Mr. Fung».

Mr. Fung hat in seiner kleinen Wohnung in Stockholm viele Jahre darauf verwendet, 108 Grillenarten aufzuziehen, und den vielen unterschiedlichen Spezies beizubringen versucht, miteinander auszukommen und schließlich zusammen zu singen, eine Geschichte, die ich ausführlich in meinem letzten Buch – *Bug Music* – geschildert habe. Seine Frau war den ganzen Lärm leid geworden, und sein Arbeitgeber, die Königliche Bibliothek zu Stockholm, hatte ihre China-Sammlung, deren Kurator Fredriksson war, geschlossen. Er bereitete sich auf eine neue Reise in den Fernen Osten vor, dieses Mal auf der Suche nach seiner Version des perfekten Klangs. Er wusste genau, wohin er reisen musste.

«Es gibt da einen Pavillon auf einem Berg», sagt er und sieht mir lächelnd in die Augen, «meilenweit von jeder Ortschaft entfernt, weit im Osten. Das Land spielt keine Rolle. Ich will es Ihnen nicht sagen. Es ist einen Dreitagesmarsch von der nächstgelegenen Stadt entfernt. Sie werden die Stelle auf Google Maps nicht finden.» Wir unterhalten uns in einem Biergarten in Södermalm. Lars fährt fort. «Stellen Sie sich einen trägen, feuchten späten Abend vor, der sich noch nicht schlüssig geworden ist, ob es Sommer ist oder Herbst. Die Berge in der Ferne sind verschwommen; ihre Farbe wechselt von Grünlichblau zu Grau und dann zu Schwarz. Unwichtig, wie sie aussehen, weil man kaum etwas erkennt – der Himmel ist so schwer von Feuchte, dass man sich wünscht, es würde regnen, aber das wird in absehbarer Zeit nicht passieren.»

«Es ist also vollkommen still, unberührt?»

«Absolut nicht. Die Zikaden schreien, die Grillen zirpen, in tausendfacher Überlagerung entfalten sich Rhythmen, wie sie es schon seit Jahrtausenden tun. Es ist ein alles umfassender Klang. Man könnte meinen, es wäre der Klang eines warmen Augustabends wie überall auf der Welt, aber dem ist nicht so. Ich gehe so weit zu behaupten, dass es der schönste Klang auf der Welt ist.»

«Ich möchte ihn hören.»

«Ich bin mir nicht sicher.»

«Warum nicht?»

«Freude an Klängen ist etwas Subjektives. *Ich* bin derjenige, der das für den schönsten Klang der Welt hält. Auch wenn ich nicht behaupten will, es wäre allein für mich der schönste. Meine Begeisterung dafür ist absolut, total. Dieser Klang befriedigt vollkommen. Es ist aber nur meine Befriedigung, von der wir hier sprechen. Dadurch ändert sich auf diesem unglücklichen, verkommenden Planeten für niemand anderen etwas.»

«Ich bin verwirrt. Lieben Sie diesen Klang, oder sehnen Sie sich dabei nach mehr?»

«Es gibt keine Liebe zur Natur ohne die Sehnsucht nach mehr.»

«Ich würde Sie gern an diesem Ort besuchen.»

«Das geht nicht. Und Sie sollten es auch nicht wollen. Höchstwahrscheinlich wird es Ihnen nichts bedeuten und ganz sicher nicht das, was es mir bedeutet. Klänge und die Freude daran sind sehr persönliche Eigenschaften. In einem Menschen und in der Außenwelt.» Fredriksson trinkt einen Schluck Bier. «Schon mal von dem Sharawaji-Effekt gehört?»

«Nein.»

«Das ist ein Soundeffekt, der sehr schwer zu erreichen ist. Und der wichtigste und schönste. Viele meinen, es gäbe ihn gar nicht.»

«Erzählen Sie mir mehr.»

«Es ist ein seltener und alter Name für den absolut vollkommenen Klang.» Sogar die Etymologie des Worts ist leider unsicher. Mr. Fung erzählt mir von Sir William Temple, der im Jahre 1691 geschrieben hat: «Die Chinesen besitzen ein besonderes Wort dafür, die *Schönheit der gewollten Unregelmäßigkeit*, und wenn sie es irgendwo auf den ersten Blick erkennen, sagen sie, das Sharawaji ist gut.»

Sharawaji? Das klingt überhaupt nicht chinesisch. Dann also japanisch? Vor gerade einmal siebzig Jahren sagte der englische Lexikograph E. V. Gatenby, das Wort klinge wie eine archaische Form des japanischen *sorowanai deshō*, was man benutzt, wenn die zwei Teile eines Musters nicht zusammenpassen. Die archaische Form *sorowaji* ist vor vierhundert Jahren ausgestorben.

«Lars, dieses Wort klingt unwirklich.»

«Gut gesagt. Stellen Sie sich einen Holländer vor, der die Meere im Fernen Osten befährt und dieses Wort verstehen möchte. *Sharawaji*. Ergo, sehen Sie. Sofort klingt es viel internationaler, fast persisch in seiner Universalität. Es kommt von überall. Und von nirgends. Ich glaube, ich habe es bereits gefunden.»

«Wo?»

«In Träumen vielleicht – in den besten. Man kann nicht danach suchen, man muss zuhören.» Er hielt kurz inne und schloss die Augen. «Ich höre es immer öfter in Anklängen. Das Potenzial für sein Erscheinen ist überall um uns vorhanden, aber nur wenige nehmen sich die Zeit zu lernen. In meinem Betonwohnblock verleihen die Belüftungslöcher dem Klang des Windes einen klaren Ton. Wind lässt sich sonst nur schwer aufnehmen, er ist ja Luft, die schnell über die Welt hinwegstreicht. Beim Auftreffen auf ein Mikrophon erzeugt er bloß verzerrte Geräusche. Bei Bäumen bringt man etwas zustande. Wind an sich erzeugt gar kein Geräusch. Er muss über die Welt hinwegstreichen, damit sein wahrer Klang hörbar wird. Und das ist nur ein Aspekt davon. Der Sharawaji-Effekt sollte unser Lied mit dem Wind vereinen, mit unserem Aufenthaltsort, unserer Berührung, mit einem Klang, der genau weiß, wo in der Welt er sich befindet.»

«Ich bin mir nicht sicher, ob ich Ihnen noch folgen kann.»

«Das können Sie erst, wenn Sie es hören.» Lars schüttelt den Kopf. «Sie müssen Ihre Erwartungen hinter sich lassen und sich auf die Reise begeben. Oder die Reise an den Orten finden, an denen Sie schon waren, in den Klängen, die den Lauf Ihres bisherigen Lebens bestimmen. Erst dann werden Sie die Fähigkeiten erwerben, die nötig sind, um die Zukunft zu hören.» Der Computerwissenschaftler Marvin Minsky sagte einmal, es gebe auf der Welt viel mehr Musik als erforderlich. Das war 1993 auf einer Konferenz im Banff Centre in Kanada, die Musik und das Denken in Bezug auf die Zukunft und die Vergangenheit zum Thema hatte.[6]

Minsky sagte, Menschen wendeten mehr Zeit für Musik auf als nötig: Musik sei für das Leben und den Fortbestand der Menschheit zwar irgendwie wichtig, trotzdem habe aber noch niemand eine einleuchtende biologische Begründung dafür angeführt, warum wir so viel Zeit damit verbringen, sie uns anzuhören und darüber nachzudenken, obwohl sie für den Erhalt des Lebens doch überflüssig ist. Dadurch fiel mir auf, dass ich seltsamerweise so viel Musik selber eigentlich nicht mag.

Ich beschränke mich bei ganzen Alben auf einen Song oder sogar noch weniger als einen Song. Ich kürze Stücke, die über zehn Minuten lang sind, durch Bearbeitungen, denn ein längeres Stück werde ich mir niemals anhören wollen: Meine Aufmerksamkeit wird abschweifen, ich werde mich langweilen und mir wünschen, ich täte etwas anderes. Ich spiele mein einfaches Instrument mit zunehmend verwirrenden Software-Programmen, probiere aus, ob ich den Sound durch triviale Verstärkung in etwas verwandeln kann, was er nicht ist, doch dabei kommen immer nur Soundeffekte heraus, mit denen sich nicht allzu viel erreichen lässt. Trotzdem will ich mehr davon und probiere Neues aus, wie es heute viele Musiker tun, weil jeden Tag neue Effekte veröffentlicht werden. Sie sind sofort verfügbar, und wir können es nicht abwarten, sie zu testen, weil wir ständig hoffen, der nächste werde alles Vorherige in den Schatten stellen und die Art und Weise unseres Zuhörens, unseres Denkens oder Spielens revolutionieren, werde uns eine neue, reale, größere Welt erschließen, eine, die besser ist als die jetzige, in der wir feststecken – eine Welt, in der der Klang in die Luft austritt und dort bleibt, verloren zurückschaut, erscheint und verschwunden ist, ein Klang, der war und nun nicht mehr ist und nie mehr sein wird. Das klingt nach einem aussichtslosen Bemühen, ich weiß, aber wäre ich rundherum zufrieden mit irgendetwas, was ich spiele, dann wäre ich wie Artie Shaw, der nach den Studioaufnahmen für das dritte Album mit seiner Band Gramercy Five 1954 sagte: «Das ist perfekt», die Klarinette niederlegte und sie in den fünfzig Jahren bis zum Ende seines langen verrückten Lebens nicht mehr zur Hand nahm.

Wenn es nie so klingt, wie es soll, muss man weiterspielen und hoffen, noch auf Jahre hinaus unzufrieden zu bleiben. Mit sich im Reinen und zugleich kreativ sein, das passt nicht zusammen. Bevor ich einzelnen Vögeln zuzuhören begann, hatte ich mich gefragt, ob ich nicht schon öfter gefordert war, den vollkommenen Klang zu finden, und ob es mir jemals gelungen war. Hatte ich den Sharawaji-Effekt schon einmal erlebt?

Andrea Galvani bittet mich um das Geräusch eines abbrechenden Eisbergs. *Wieder.* Er hat anscheinend vergessen, dass er so ein Geräusch öfter mal von mir haben will. Schicke ich ihm etwas, hört er es nie ganz richtig an. Vielleicht deshalb, weil der Einsturz eines Eisbergs in Wahrheit klingt wie ein gedämpftes Rumpeln, ein bisschen zu sehr wie eine in der Ferne fahrende U-Bahn. Galvani hat genaue *Vorstellungen* davon, wie das Geräusch sein soll: wie das gewaltige Getöse, mit dem ein massiver Körper kaskadenförmig herabstürzt und auf Wasser schlägt. Das ist der Sinn von Sounddesign, erkläre ich ihm: Wir erzeugen den Sound, den ein anderer in seinen Träumen gehört hat. Wie wir das tun, muss ein Geheimnis bleiben. Vielleicht verwende ich sogar einen U-Bahn-Zug als Quelle, nur um ihn zu verwirren. Vielleicht nehme ich sogar mich selbst auf, wenn ich im Schlaf spreche, während ich ebenfalls von abbrechenden Eisbergen träume. Wer träumt denn heute nicht von schmelzenden Eisbergen, wenn die sich aufheizende Atmosphäre permanent schlechte Nachrichten produziert? Bekanntermaßen ist das Problem so groß, dass das Eis weiter schmelzen wird, ob wir unsere Lebensweise nun ändern oder nicht: Die Geräusche, mit denen das Auseinanderbrechen der großen Eiswüsten einhergeht, sind nie so laut, wie wir es erwarten. Im Anfang war der Klang. Am Ende wird der Klang sein. In unserer Vorstellung artikulieren wir diesen Klang und verwandeln ihn in Kunst.

Galvani ist ein italienischer Fotograf, der ungewöhnliche Objekte in eine ansonsten unbewohnte Wildnis stellt. Einmal ließ er eine Herde schwarz-weißer Kaninchen auf einem Schweizer Gletscher frei und fotografierte, wie sie überall auf dem Schnee herumhoppelten. Die Hälfte der Tiere war praktisch nicht zu sehen, und bis auf eines wurden alle wiedergefunden. Das Foto wurde auf ein eindrucksvolles künstlerisches Format vergrößert und in einer Galerie in Mailand ausgestellt. Er und ich fuhren einmal auf einem roten Schooner voller Künstler um Spitzbergen, und auf dieser Reise fotografierte Andrea mich dabei, wie ich in einem langen Muji-Mantel in einem Schlauchboot stehe und vor der dampfenden Wand eines schmelzenden Gletschers auf einem schimmernden Sopransaxophon spiele.

Ein vom Saxophon hinabführendes Kabel suggeriert, dass die Musik unter Wasser übertragen wird und den Gesang der Wale begleitet. An solchen Unternehmungen habe ich schon oft teilgenommen, allerdings meist in Hawaii, wo es viel mehr Unterwassermusik gibt und die Bedingungen für Performances günstiger sind. Musikalische Abenteuer dieser Art machen Spaß, wirken aber lange nicht so poetisch wie Galvanis Bild von mir, als ich, mühsam die Balance haltend, auf 78 Grad nördlicher Breite, keine 400 Meter vom Rand der arktischen Eiskappe entfernt, allein in dem Schlauchboot stehe und für arktische Wale spiele (siehe Kapitelaufmacher). Trotzdem verwende ich dieses Foto überall im Internet, denn es veranschaulicht für mein Empfinden die Intention meines Tuns in wunderschöner Schlichtheit.

Für dieses emblematische Foto bin ich Galvani zu Dank verpflichtet, und das Geräusch eines einstürzenden Eisbergs ist das mindeste, was ich ihm schulde. Doch sogar wenn ich mir Aufnahmen anhöre, die es von solchen gravierenden Ereignissen gibt, erfüllen sie ihren Zweck nicht. Genauso wie australische Kookaburras (*uu uu uu ah ah ah ah uu uu ah ah*) in Filmen jahrzehntelang als akustisches Double für Brüllaffen verwendet wurden, muss der Sound, den ich für den schmelzenden Gletscher austüftle, sinnfällig machen, dass das Eis sehr wohl komplett von der Erde verschwinden könnte und mit ihm das menschliche Leben.

Bilder von abbrechenden Eisbergen sind heute ubiquitär, ebenso wie die Realität der drohenden Erderwärmung jedes Bild beschwert, das wir uns von der Zukunft machen. Der vorzügliche Film *Chasing Ice* zeigt die Arbeit von James Balog und seinem Team von Naturfotografen, die den allmählichen Rückzug großer Eisströme in aller Welt dokumentiert haben. Der eindrucksvolle Donner eines abbrechenden Eisbergs ist dennoch das anschaulichste Bild des ganzen Films. Balog schickte zwei junge Assistenten nach Grönland, wo sie für einen Monat auf einem Berggipfel mit Ausblick auf einen riesigen Gletscher ausharren sollten, auf dem im Sommer der Abbruch eines riesigen Teils erwartet wurde. Naturdokumentationen sind jedoch zeitraubend, wie all die Outtakes von David Attenborough so mutig zeigen. Balogs Crew konnte nur warten. Und der Film zeigt auf wunderbare Weise, wie sie den Moment beinahe verpassen, so müde waren sie vom Warten geworden. Doch dann kommt sie, eine Wolke aus weißem Staub, eine aufsteigende Rauchfahne, und ein gewaltiges Getöse dringt an unsere Ohren. Es ist ein voluminöses abstraktes Geräusch, nur schwer fassbar. Wir müssen die gesamte Vorgeschichte kennen, um es zu würdigen.

Man spricht von Kalben, wenn ein Gletscher einen Teil von sich abstößt, aus dem sich ein Eisberg bildet und die nächste Generation hervorbringt. Oder andernfalls einfach nur im Umgebungswasser schmilzt oder in der Luft verdunstet.

Müssen wir wissen, dass das Geräusch real ist, um glauben zu können, dass diese Tragödie sich auf unserem Planeten ereignet? Sicher nicht. Das Schauspiel des Klangs wird ständig neu erfunden, wird aus abstrakten Möglichkeiten herausgekitzelt. Galvani hat mich um ein Geräusch gebeten, und er bekommt eins von mir. Ich werde ihm aber *nicht* sagen, wie ich es gemacht habe. Ich weiß selber nicht, wie ich es machen werde. Ich werde einfach die Augen schließen und mir vorstellen, wie es klingen soll. Ich denke an den imaginären Hubschrauber, erfunden von Walter Murch für die unvergleichliche Eingangssequenz von *Apocalypse Now*, ausschließlich mit Synthesizern und ganz ohne echte Rotorblätter erzeugt, genauso wie die Sound-Art-Collage des Kassettenbands, das Colonel Kurtz flussabwärts an Willard zum Sampeln geschickt hat, bevor er in den Dschungel aufbricht, um diesen

Verrückten zu stellen. Jahre später verfährt Murch ebenso, als er das perfekte *bleep* für die Inbetriebnahme des Large Hadron Collider, des Teilchenbeschleunigers am Kernforschungszentrum CERN, für den Film *Particle Fever – Die Jagd nach dem Higgs* austüftelt.

Ich grüble immer noch, wie sich darstellen lässt, was kollabierende Eismassen bedeuten, ohne genau zu wissen, was Galvani haben möchte oder von mir erwartet. Ihm geht es immer darum, mit einem Lächeln zu schockieren, Motorräder unter Schlamm zu begraben, hundert im Dunkeln auf einer Skipiste leuchtende Kaninchenaugen zu filmen, Rauchbomben im Gebirge zu zünden. Ich möchte ihm ja gern zu seinem Sound verhelfen, weiß aber, dass er keinen Schimmer hat, was er haben will. Heute habe ich etwas über den letzten Roman von William Gaddis gelesen, eine Geschichte des mechanischen Klaviers, in dem er sich darüber auslässt, dass ein Künstler in die Knie gehen kann unter dem Gewicht der von ihm geschaffenen Bilder – soll die Kunst dich auslaugen, nicht dein Leben; hoffentlich steckt so viel drin, dass sie überhaupt etwas taugt. Dass sie ihren Schöpfer in die Knie zwingt, wenn nicht auch jeden anderen, der sehen und hören kann …

Wir fürchten uns vor dem körperlosen Ton. Wir wollen immer, dass eine Stimme so klingt, als spräche sie von irgendwo, ob real oder erfunden. Evan Eisenberg hat das in dem besten Buch, das jemals über das Schallplattenhören geschrieben wurde, *The Recording Angel*, präzise in Worte gefasst: «Wird eine Platte aufgelegt, legt sich etwas Transparentes über Raum und Zeit. Mit zweifacher Wirkung: Taugt die Musik etwas, behauptet sie sich als die wahre Realität, und das hübsche Mobiliar des Zimmers gerät zur Staffage, zum Schleier der Maya.»[7]

Es gibt genug Menschen wie mich, die es vorziehen, wenn

die Illusion gesteigert wird, wenn wir einen Ton in einem Raum hören, den es schlicht nicht gibt und dessen Parameter ins Künstliche oder Hyperreale überdehnt sind. Siehe da: der Supersound! Mehr als ein Big Bang und weniger als ein Nullsummenspiel. Über Musik zu schreiben ist genauso schwer, wie den Schatten einzufangen, den der Rauch des winterlichen Heizens am bisher klarsten Tag des Jahres, das ich hier in Berlin verbringe, auf die Terracottaziegel auf dem fünften Stock wirft.

Ein imaginärer Eisberg, ersonnen in einer Großstadt. Eine Musik, in der aus der Verbindung gegensätzlicher Töne etwas kraftvolles Neues und Fremdartiges entsteht: Ich suche Sharawaji. Wenn ein Geräusch wie ein startendes Flugzeug in den ersten Takten eines Groove von Joe Zawinul zu hören ist oder wenn Peter Gabriel seinen «Sledgehammer» mit einem heute veralteteten 12-Bit-Sample einer Shakuhachi (eine japanische Bambusflöte) beginnen lässt, gefällt mir das immer noch, und ich griene: Sharawaji. Wenn ich nachts mit weit aufgedrehten Kopfhörern durch die Natur laufe und versuche, den perfekten Mix zirpender Laubheuschrecken – *chh chh chh ing* – aufzunehmen, genau in dem Moment, in dem das Geräusch ausgewogen ist, befinde ich mich mitten im Sharawaji.

Es ist ein seltsames Wort, und ich will es bekannt machen durch diese Geschichten, die letztlich auf die Kraft des Klangs vertrauen. Dröhnen, Wimmern und alles dazwischen, mit dem Gehör nach etwas suchen, das es praktisch niemals gibt. Niemand hat behauptet, den Sharawaji-Effekt zu finden sei einfach. Vielleicht kann kein Musiker ihn einfangen. Vielleicht ist er nicht mehr als der Wind, der in den luftigen Höhen der Alpen durch eine Hütte fährt, oder als der Umstand, dass ein Vogel in das rachitische Rattern eines Nachtzugs einstimmt.

Der Klangkünstler Peter Cusack bereist die Welt, fragt Menschen nach dem Klang, den sie am liebsten hören, und bringt dadurch viele dazu, sich einmal zu überlegen, wie wir entscheiden, was für Geräusche wir mögen und was Töne bedeuten. Sharawaji ist der Klang, der uns sprachlos macht, eine Musik, so schön, dass nichts als die zufällige Konfluenz von Geräuschen sie hätte entstehen lassen können.

Sharawaji sagt dir, was du vergessen solltest, um in die schönsten Klänge einzutauchen, von deren Existenz du nicht einmal wusstest. Der Kojote heult mit dem Bus in Doppler-Verschiebung, das Rockkonzert vermischt sich mit dem Geräusch der Ramme auf der Straße. Den Widerhall der Äolsharfe vernimmt man auch in den prosaischen Schwingungen der Telegrafendrähte. Der beste Klang im Radio ist das Rauschen zwischen dem einen Sender und dem nächsten, wenn die Musik nicht vorgibt, deutlich hörbar zu sein, sondern sich als Gewirr von Wellen versteht, die sich durch die Luft ausbreiten.

Sicher, Sie mögen Ihr Sharawaji dort finden, wo es Sie findet, doch Künstler wollen glauben, dass sie etwas schaffen, was diesen Effekt hat, wenn sie einen Klang behutsam mit einem zweiten mischen, einfache Effekte zu komplexeren verbinden, sich nie zufriedengeben.

Ich möchte nichts aus einem Klang herausholen, was einfach nicht da ist.

Andrea Galvani hat mir geantwortet. Er hat neue Ideen für das Gletschergeräusch. Ihm schwebt anscheinend ein Geräusch vor, so laut, dass es den Eisberg triggert, dem es vorgespielt wird, sodass noch ein Stück desselben Eisbergs abbricht. Die Installation in der Galerie soll etwas in der Art veranschaulichen. «Es muss *lauter* sein», beklagt er sich über meinen letzten Versuch.

«Alles klar», sage ich. «Dreh einfach auf. Und besorg dir die größten Lautsprecher, die du auftreiben kannst.»

«Es muss den ganzen Raum erschüttern!» Er ist aufgeregt.

«Wie gesagt, größere Lautsprecher.» Liegt für mich auf der Hand.

«Und mach das Stück, das abbricht, noch größer! Warum nicht mal mit Dynamit probieren?»

«Triggert ein Lawinengeräusch nicht die nächste Lawine?»

«Glaub ich nicht.»

«Aber *möglich* wär's, oder?»

«Vielleicht. Was soll das werden, eine Metapher dafür, dass der Mensch die natürlichen Eisreserven zerstört? Das findet bereits statt, aber nicht wegen irgendwelchem lauten Krach.»

«Na ja, es ist Kunst. Drama. Ein fotografisches Spektakel.»

«Verstehe. Es *könnte* gehen, zumindest krass und überzeugend wirken. Besser als manches, was ich neulich im Hamburger Bahnhof gesehen habe. Die zeigen da eine Arbeit mit dem Titel *Shit Head*, die nichts weiter ist als ein Ebenbild, das der Künstler aus seinen eigenen Exkrementen geformt und unter Plexiglas gestellt hat, damit uns der Geruch erspart bleibt. Obwohl es spektakulärer wäre, wenn wir es riechen *könnten*.»

«Immerhin wüsste man genauer, um was es sich handelt.»

«Roger Shattuck hat mal gesagt, 99 Prozent aller Kunst wären Mist.»

«Diese eine Installation ist es zu hundert Prozent.»

«Wir sprechen doch aber jetzt darüber. Verleiht ihm das nicht Bedeutung?»

«Das hat Arthur Danto gesagt, möge er in Frieden ruhen, aber ich glaube doch, es sollte mehr anderes geben, was man auf sich wirken lassen kann, etwas Schönes.»

«Zumindest da sind wir uns einig. Trotzdem frage ich

mich … warum hat mich aus der vielen modernen Kunst da im Hamburger Bahnhof eine große tote Eule, die bloß in einer Salzkiste lag, am meisten beeindruckt? Ich muss immer wieder an sie denken.»

«Unser Sinn für Schönes geht seltsame Wege.»

«Wie alles andere wohl auch.»

«Die versteckten Lautsprecher von Joseph Beuys, die ‹jaja jaja› und ‹nein nein nein nein› plappern, sind eben schwer zu toppen.»

«Damit ist fast alles gesagt. Geschwätz als Kern der Sprache.»

«Die Lächerlichkeit zu meinen, jeder Laut, den man hört, habe auch eine Bedeutung?»

«Das Blablabla der menschlichen Existenz.»

«In dem Museum waren auch tote Hunde und tote Kaninchen. Und in einem Raum lagen lauter Tonvögel auf einem Sperrholzboden. Nicht betreten! Nicht berühren! Nicht reingehen in den grünen Holzrahmen, der dich zum Reingehen lockt! *Nein nein nein nein.*»

«*Jaja jaja.*»

Ich weiß nicht mehr, wer hier was gesagt hat. Das kommt bei Kunst manchmal vor. Die Erinnerungen an das Gespräch wirbeln mir durch den Kopf. Ein Vogel in einem Käfig ist nicht mehr und nicht weniger wert als einer in der freien Natur, aber er ist ein vollkommen anderes Tier. In einem wunderbaren Film über den Multiinstrumentalisten Rahsaan Roland Kirk (er spielte manchmal drei Saxophone gleichzeitig) schlendert er mit einer Flöte durch den Londoner Zoo, ein kleines Kind auf den Schultern, eine dunkle Brille auf, und testet, vor Löwen, Gänsen und Bären stehend, Melodien. Man hört einen Jazz des Gebens und Nehmens, außerhalb und innerhalb der Käfige von Improvisation und Tradition. Die Viecher scheinen es zu mögen, und wer kann es ihnen verdenken? Während die Gitterstäbe sämtliche Gaffer dazu anstacheln, die Tiere boshaft anzugrinsen und zu verhöhnen, sucht endlich einmal jemand Kontakt mit ihnen, und das über die Kraft der Musik, eine berührende und schöne Geste, die weiter reicht, als Worte es vermögen.

Mit dem berühmten Film über den großen Jazzmusiker und die Tiger im Kopf nahm ich das Angebot der Grey Cube Gallery an, den auf der Insel Korkeasaari gelegenen Zoo von Helsinki zu besuchen und mich an einem Morgen im Juni in aller Frühe, bevor Besucher eingelassen wurden, mit den Tieren innerhalb und außerhalb des Aviariums zu beschäftigen.

Im Vogelhaus traf ich meinen alten Freund, den weißen Balistar, einen herrlichen Vertreter der Spezies der Mynah, der heute nur noch in den Volieren und Zoos der Welt ungefährdet lebt. Sein Gesang klingt heiser, aber melodisch und äußerst optimistisch für einen Vogel, der weltweit fast ausgestorben ist. Ich ziehe eine rein gestimmte *seljefløyte* hervor, eine norwegische Obertonflöte, auf der man nur natürliche Harmonien spielen kann. Da sie keine Fingerlöcher hat, sind ihr menschengemachte Tonleitern nicht zu entlocken, und Tonreihen lassen sich nur durch Variationen des Blasdrucks erzeugen. Offenbar mögen die Balistare den Klang der Flöte, genauso wie die anderen bunten Finken und Drosseln um sie herum. Wie sie beginne auch ich meinen Tag in der vom Menschen geschaffenen Einzäunung, umhegt und doch mehr oder weniger frei, und spiele vorsichtig tastend kurze Liedschnipsel. Welche Welt mag diesen Vögeln fehlen, deren Artgenossen von unserem Planeten fast verschwunden sind?

Mein guter Freund Petri Kuljuntausta, Musikhistoriker, Meister ungewöhnlicher elektronischer Klänge und Chronist experimenteller finnischer Musik, tritt zu mir ins Gehege. Er spielt kurze Stücke auf einer Elektrogitarre, sieht zu den von Glas umstellten Bäumen hinauf.

Außerhalb des Vogelhauses finde ich mich später Auge in Auge klagenden Pfauen gegenüber, die rings um mich herum die Schleppen aufstellen und mit gereckten Schnäbeln schrille Schreie ausstoßen. Ich schreie ebenfalls; sie stimmen ein. Ein Tier schlägt ein kraftvolles Rad. Sie schreiten über den Rasen. Ich muss an den Ornithologen Richard Prum denken, der mir einmal gesagt hat, die meisten dieser Pfauen bekämen kein einziges Mal die Gelegenheit, sich zu paaren, und frage mich, ob das der eigentliche Grund für diesen evolutionären Überfluss ist: reine Frustration.

Ich gehe durch die Habitate, die Klarinette hoch erhoben, spiele ständig irgendetwas. Die Löwen und Krokodile schauen gleichgültig aus ihren Gehegen. Ich fordere einen Takin, ein seltenes Ziegengnu aus dem Himalaya, das man in Gefangenschaft (und auch außerhalb davon) nur selten sieht, mit meinem Blick zum Kräftemessen auf. «Warum sehen wir Tiere an?», fragte John Berger, den ihr stummer kalter Blick, der uns manchmal tief zu treffen scheint, stark beschäftigte.[8] Durchschauen sie uns? Sind sie so schwer zu beeindrucken? Hinter Gittern noch schwerer als in der Wildnis. In Zoos herrscht immer eine Atmosphäre tiefer Traurigkeit, und doch werden sie von Kindern und Erwachsenen geliebt. Sie werden nicht verschwinden, Menschen suchen offenbar die Nähe von Tieren, um sie zu beobachten, solange das Mysterium nur sicher eingesperrt ist. Sehr einfach gesagt, sind Tiere wie wir und nicht wie wir, verfügen über Handlungsoptionen und Neugier, kennen aber weder Reue noch den permanenten Drang, alles in Frage zu stellen.

In der Musik der Tiere habe ich immer eine Gewissheit

gefunden, die der Kreativität des Menschen naturgemäß fehlt. Wir sind uns nie sicher, welches Lied wir anstimmen sollen und wie es eigentlich zu singen ist. Wir wissen nicht, was gut oder schlecht ist, und scheuen uns heute sogar, diese Frage zu stellen. Tiere singen oder sind stumm, und auch wenn sie uns vielleicht nicht trauen, wissen sie aber sehr wohl, wie sie ihr Leben führen müssen. Und da sie auf der Welt sind, wissen wir in einem bestimmten Sinn, dass sie sind wie wir und wir sind wie sie, Teile der bestehenden Welt. In ihrer Stummheit kennen sie uns so, wie wir uns nicht kennen können.

Wenn ich von der Grasmücke in der Natur, die pausenlos mit mir kommuniziert, zu dem Balistar und dem Pfau komme, die an einem von Menschen eingerichteten Ort leben, wird mir klar, dass es Musik mit Geschöpfen gibt, die zwar lebendig wirkt, es aber nicht ist. In Zoos, scheibt Berger, gehen die Tiere verloren – in ihrer Belanglosigkeit und Losgelöstheit von unserem hohlen Leben. Einst haben sie mit uns in den Häusern und Wohnungen gelebt und gearbeitet. Jetzt gehen wir bloß noch zum Ansehen hin. Zum Gaffen. Sie blicken in stummem Unverständnis zu uns herüber. Oder mit Desinteresse und Verachtung. Mit hoffnungsloser Verachtung.

Zoos – traurige Vergnügungsstätten. Versuchslabore, wenn wir mit Tieren musizieren wollen. Wir sperren die, die so sind wie wir – aber nicht ganz –, hinter Gitter. In der Nachtigallenhauptstadt gibt es ein relativ neues Einkaufszentrum namens Bikini Berlin in direkter Nachbarschaft zum Zoo im Tiergarten. Von der großen Glasfassade auf der einen Seite kann man das Gorillagehege sehen. Dort können die Affen verfolgen, wie lächerliche Exemplare der Spezies Mensch die Kleiderständer der aus dem Boden schießenden Läden durchstöbern, vertieft in das als Shopping bezeichnete sinnlose Tun. Wir lachen über die Affen, wenn sie Äpfel im Staub wälzen und sie sich in den Mund stecken, und vielleicht lachen sie auch über uns, wenn wir uns kryptische Zeichen auf Preisschildern ansehen und uns fragen, ob das Dinge sind, die wir brauchen oder auch nur haben wollen.

Ich beobachte mich selbst beim Musizieren mit Pfauen und Staren, glücklich und traurig zugleich. Es ist traurig, Tiere in Gefangenschaft zu sehen, doch ich lache, wenn sie sich an meiner Musik beteiligen. Es ist nicht annähernd so lustig wie das Lachen der ersten Drossel, die mich vor Jahren auf die Idee mit speziesübergreifendem Musizieren brachte, doch das Erlebnis im Zoo verdeutlicht die Umstände, den Ernst der Sache und die Entlastung. Auf der Aufnahme fehlt jedoch, dass wir am frühen Morgen, noch vor Einlass des Publikums, zu den Tieren hineingegangen sind und gewissermaßen nach ihren Regeln mit ihnen musiziert haben. Am Nachmittag wurde das Publikum dazugebeten, und wir waren Teil der Vorführung. Ich stand mit meiner *seljefløyte* im Schatten und gab mir alle Mühe, mich als Vogel auszugeben, als Ausstellungsstück, mich wie ein Zoo-Insasse zu fühlen. Das Spektakel wurde angekündigt, und die Besucher strömten herein.

Die Handykameras gezückt, wurde geknipst, geblitzt, aufgenommen, über soziale Medien ein Moment des hoffnungsvollen Kontakts zwischen den Spezies festgehalten. Eröffnet man eine Möglichkeit für Musik, kommt es vielleicht auch dazu. Alle schauten zu und wollten etwas, letztlich wegen der Langeweile, die uns alle in Zoos irgendwann befällt. Die Tiere sitzen hier fest, wir aber gehen wieder und fragen uns, warum wir sie gefangen halten und was sie uns bedeuten.

Ich möchte mit den Musikern der anderen Spezies musizieren, nicht um sie zu necken, sondern um sie einzubeziehen. Sie sollen mich weder imitieren noch in Frage stellen. Mag sein, es ist naiv, wenn ich mir einbilde, dass wir zusammen Schönes erschaffen, was allein keiner von uns so ganz versteht, in einem Sharawaji vieler Spezies, die sich in facettenreichem Klang begegnen. In dieser Vision von lebendiger Musik steuert jeder Schönheit, Emotion oder Geheimnis bei, jeder sein eigenes, und zusammen nähern sie sich dem Unerklärlichen. Weil ich hoffe, dass das gelingt, reise ich um die Welt und suche nach Gelegenheiten, es zu praktizieren. Und denke dabei die ganze Zeit an die Nachtigallen in Berlin, denke daran, wann ich zu ihnen zurückkehren, wieder draußen sein kann in ihren Wäldern – nicht eingesperrt hinter einer Mauer wie im Bikini Berlin, in eigenen Obsessionen wühlend. Es besteht die Chance, so gering sie auch sein mag, dass wir wieder Anschluss finden an die alte Musik, die seit Jahrmillionen auf dem Erdball existiert. Allein schon aus dem Grund ist es nicht ganz vergeblich.

3 DER ANBEGINN DER ZEITEN

Bernie Krause, der Pionier der Naturklangforschung, erinnert uns daran, dass praktisch kein Fleck auf der Erde frei ist von Geräuschen, deren Ursache der Mensch ist. Unser mechanisiertes Getöse und Gesumm ist überall, wir entkommen ihm nicht, sosehr wir uns auch bemühen. Doch in der Krise gibt es auch Chancen. Zumindest die Nachtigallen in Berlin dürften es so sehen, denn man fragt sich schon, warum gerade in der internationalsten Stadt, die sich über die Grenze zwischen dem alten Osten und dem alten Westen erstreckt, so viele dieser bezaubernden Singvögel leben. Schon immer gab es Vögel, die in von Menschen gestalteten Landschaften, auf Feldern und Wiesen, in Parks, günstige Bedingungen vorfanden – Rotkehlchen, Sperlinge und Hausspatzen etwa. Der Gesang der Nachtigallen ist jedoch viel ungewöhnlicher.

Ich verhalte mich beim Improvisieren mit anderen Spezies nicht anders als bei Musikern, die nur mir unbekannte Sprachen sprechen, und habe viel gelernt von den wunderbaren offenen Improvisationen vieler Musiker, deren Platten bei dem deutschen Label ECM erscheinen, dem Saxophonisten Jan Garbarek, dem Pianisten Keith Jarrett und vor allem von Don Cherry mit Collin Walcott und Nana Vasconcelos als The Codona. Ich ziehe es vor, wenn bei diesem gemeinsamen Spiel so frei improvisiert wird wie möglich, die Stücke aber trotzdem rhythmisch, schlicht und eingängig sind. Vielleicht macht mich das mehr zu einem Populisten oder Folkmusiker, aber ich halte nach wie vor an der Idee einer «sudden music» fest, über die ich in einem Buch mit diesem Titel Ende des zwanzigsten Jahrhunderts geschrieben habe. Ich gehe darin der Frage nach, was das Spezifische einer Musik aus dem Moment ist, wie nur die Improvisation sie hervorbringt.

Beim Improvisieren hört man eher die Persönlichkeit des Musikers als seine Noten oder sein Instrument. Einfachheit hat Tiefe, Aufmerksamkeit ist ein Wert. Genau das meinte meine Freundin, die kürzlich verstorbene Komponistin und Musikern Pauline Oliveros, wenn sie von *deep listening* sprach: «Höre bei allem immer genau hin und ermahne dich, wenn du es nicht tust … Wir können unsere Ohren zwar nicht abschalten – sie nehmen ständig Töne auf –, aber unser Zuhören.»[9]

Einer Nachtigall genau zuzuhören heißt, die Kraft eines Musikers zu erleben, der kein Mensch ist, eines Überbringers von ebenso alten wie zukunftsweisenden Klängen. Urzeitlich und elektronisch zugleich, ist das Hin und Her ihres Pfeifens und Kratzens unzweifelhaft Musik. Sie können es überprüfen oder erfühlen, je nachdem, welche Herangehensweise Ihnen mehr entspricht. Die Nachtigallen strömen in Berlin zusammen wie die Künstler, die Reisenden, die Suchenden und die Leistungsverweigerer, Anhänger des schwindenden Glaubens an Multikulti und Globalisierung, und schaffen gemeinsam etwas Neues und Schönes. Das zu hören ist gleichwohl nicht schwer, denn es fand in Literatur und Geschichte, im Mythos und in Erzählungen schon immer seinen Widerhall.

An den ersten warmen Frühlingstagen Ende April oder Anfang Mai sind die Nachtigallen nach dem Rückflug aus Afrika und über die Camargue wirklich überall in der Stadt angekommen und gehen daran, ihre alten Reviere zu besetzen oder neue zu erobern und das Repertoire ihres lebenslangen Gesangs weiterzuentwickeln. Sie werden gehört. Wir alle hören sie, mitten in der Nacht, kurz vor Morgengrauen. Zu jeder beliebigen Tagesstunde kann eine plötzlich losschmettern zur Feier des anbrechenden Abends, des Morgens oder der Nacht, voller Stolz, am Leben und zum Singen bestimmt zu sein.

Der emphatische Gesang dieses Vogels hat schon vor Jahrhunderten Dichter gefesselt, lange bevor Musiker wussten, was sie mit seinem Piepsen, Rufen und rhythmischen Klicken anfangen sollten. Samuel Taylor Coleridge schrieb über eine Zeit in England, in der es viel mehr Nachtigallen gab als heute, und er bemerkte einen ganz besonderen Klang:

> So viele Nachtigall'n, von vorn und nah
> Im Holz und Dickicht überm weiten Wald
> Antworten sie und fordern sich zum Lied –
> Scharmützelnd in bocksprüngigen Passagen,
> Melod'schem Murmeln, raschem Thui, Thui, Thui
> Und leisem Flöten, süßer tont's denn alles …

Mit ihrer Ausdauer übertrifft die Nachtigall alle anderen erstaunlichen Singvögel. Sie singt nicht allein, sondern wartet auf Antworten ihrer Artgenossen und reagiert unerschrocken sogar auf uns. Sie mag sich für uns nicht interessieren, nimmt unsere Musik aber mit dem leisen melodischen Flötenton zur Kenntnis, der so sexy ist wie kein zweiter. Sie ist siegesgewiss. Sie siegt auch immer. Ganz gleich, wie lange wir spielen, sie übertrumpft uns.

Coleridges Landsmann John Clare verbrachte mehr Zeit mit Feldarbeit und kannte den Gesang der Nachtigall als lebendige Realität. Er lauschte ihm und fühlte seinen kraftvollen Rhythmus. In seinem Manifest «The Progress of Rhyme» betrachtet er ihn als möglichen Ursprung der Poesie:

One moment just to drink the sound
Her music made, and then a round
Of stranger witching notes was heard
As if it was a stranger bird:
«Wew-wew-wew-wew Chur-chur-chur-chur
Woo-it woo-it» – could this be her?
«Tee-rew tee-rew tee-rew tee-rew
Chew-rit chew-rit» – and ever new…

Words were not left to hum the spell
Could they be birds that sung so well?
That music's self had left the sky
To cheer me with its magic strain
And then I hummed the words again,
Till fancy pictured standing by
My heart's companion, poesy.

Dies ist eine Poesie des Klangs, nicht der Worte, von Tieren, die den Menschen einbeziehen und ihr Können in Form von Geschichten zu Gehör bringen. Es ist nicht allein die Kraft, von der Clare gepackt ist, sondern die Besonderheit des jeweiligen Klangs, die wir nur zu leicht vergessen, wenn wir die Natur wegerklären. Sorgen wir dafür, dass das Hören wichtiger ist als der Name des Vogels, den wir hören. Dieser Mann jedenfalls kannte seine Nachtigallen so gut, dass er sich selbst an ihrer Sprache erprobte und dabei die darin verborgene Musik entdeckte.

Percy Bysshe Shelley war bewusst, dass nicht jedermann diese Vögel oder die Natur überhaupt schätzte. Dass die großen persischen Sänger häufig als Nachtigallen bezeichnet wurden, war ihm sicher bekannt, und er wollte ebenfalls eine sein. «Ein Dichter ist eine Nachtigall, die in der Dunkelheit sitzt, um sich in ihrer Einsamkeit mit süßen Klängen aufzuheitern; ihre menschlichen Zuhörer sind verzaubert von der Melodie des unsichtbaren Musikers und fühlen, dass sie bewegt und gerührt sind, wissen jedoch nicht, wovon und warum.»[10]

Mit «The Woodman and the Nightingale» präsentiert er eine Parabel über den Kampf des Menschen gegen die Natur oder zumindest des Poeten gegen den Pragmatiker:

> Like clouds above the flower from which they rose,
> The singing of that happy nightingale
> In this sweet forest, from the golden close
>
> Of evening till the star of dawn may fail,
> Was interfused upon the silentness;
> The folded roses and the violet pale
>
> Heard her within their slumber, the abyss
> Of heaven with all its planets; the dull ear
> Of the night-cradled earth; the loneliness
>
> Of the circumfluous waters, – every sphere
> And every flower and beam and cloud and wave,
> And every wind of the mute atmosphere,
>
> And every beast stretched in its rugged cave,
> And every bird lulled on its mossy bough,
> And every silver moth fresh from the grave.

In einer Zeile wie «interfused upon the silentness» hat Shelley sich daran versucht, was bei der Übertragung von trällernden Phrasen und Breakbeat ins Englische herauskommen könnte.

Der mitternächtliche Gesang des Vogels enthält all das, Gesagtes und Ungesagtes, Erfragtes und Entfallenes. Der Holzfäller aber *kann es nicht ertragen*:

Whilst that sweet bird, whose music was a storm

Of sound, shook forth the dull oblivion
Out of their dreams; harmony became love
In every soul but one.

In jeder Clique gibt es einen Neinsager, oder etwa nicht? Ihn wird der unaufhörliche Gesang nicht davon abhalten, ihr Zuhause abzuholzen, damit die Menschen Holz zum Heizen und Bauen haben. Die Vögel werden woanders singen müssen. Der grobe Holzfäller hat keinen Sinn für die «stumme Überredung unerweckter Melodien». Soll die Axt niedersinken:

Wakening the leaves and waves, ere it has passed
To such brief unison as on the brain
One tone, which never can recur, has cast,
One accent never to return again.
…
The world is full of Woodmen who expel
Love's gentle Dryads from the haunts of life,
And vex the nightingale in every dell.

Solche Leute, gewissenlose Zerstörer, gibt es überall. Aber tun wir Musiker nicht das Gleiche und stellen der Nachtigall in jedem Tal nach? Deswegen der Titel *And Vex the Nightingale*, ein 2015 veröffentlichtes Trio-Album mit einem virtuosen Vogel, der Sängerin und Komponistin Lucie Vítková und mir auf der Klarinette und am iPad.

Alles begann eines Mitternachts im Mai dieses Jahres, als wir für ein Konzert probten, das am folgenden Abend stattfinden sollte. Wir suchten im Treptower Park nach dem einen Ausnahmevogel unweit des Froschteichs, der im Jahr zuvor so eifrig gesungen hatte. Wir übten fast eine Stunde lang mit ihm am Ufer der Spree, während im Hintergrund die S-Bahn ratterte und hier und da Nachtschwärmer im Park lachten. Lucies gefühlvolle, reine Töne, die behutsam Raum ließen für die Phrasen des Vogels, und die über allem liegende Schlichtheit der Stunde beeindruckten mich so tief, dass wir die Platte im Winter herausbrachten.

Mir gefällt, dass der Vogel im Mittelpunkt steht. Keiner von uns beiden legt es darauf an, ihn nachzuahmen oder zu verblüffen, wir wollen lediglich mit ihm zusammen musizieren, in unterschiedlicher Weise, sogar dadurch, dass wir ihn live sampeln und seine Töne elektronisch bearbeiten. Die Nachtigall *vexieren*: ein schönes Wort, das niemand verwendet. Ich vermute, es bedeutet reizen, belästigen, verärgern – und vielleicht tun wir das mit unserer *Luscinia*. Aber vielleicht macht sie, mit einer in ihrem Reich bisher ungehörten Musik konfrontiert, einfach nur ihr Ding. Allerdings handelt es sich um einen Park in Berlin; überraschende Geräusche hat sie wahrscheinlich schon zur Genüge gehört. Und es scheint ihr zu gefallen, denn sie kehrt alle Jahre wieder an dieselbe Stelle zurück.

Für Nachtigallenmusik muss man Zeit mitbringen. Der Vogel singt die ganze Nacht, eine Stunde sollten wir durchhalten können. Die Performance *muss* eine lange unchristliche Plackerei sein, nichts aus dem Lehrbuch. Wenn ich mir die Aufnahme heute anhöre, weiß ich, dass es dauert, sich in den mitternächtlichen Nachtigallenmodus einzufinden – die Klänge schlängeln sich langsam durch mein Bewusstsein, gewinnen erst Form und Gestalt, als es sich nach mehreren Anläufen vernünftig anhört. Vogel, Stimme und Klarinette: alle drei durchschreiten die Minuten auf ihre je eigene Weise. Der Komponist Olivier Messiaen sagte einmal, Vögel seien «das Gegenteil der Zeit», weil sie schon immer da gewesen sind und es immer sein werden. In dieser einen Nacht aber gibt die Nachtigall das Tempo vor, liefert den Auftakt, lässt der Umgebung Zeit für Pausen, lässt jeden Musiker unter dem Dickicht seines strategisch im Baum platzierten dunklen Nests nach Belieben umhergehen. Frösche schließen sich uns in der Nacht nicht an.

Es kommt mir immer noch unglaublich vor, dass die Vögel über Tausende von Kilometern genau zu dem Baum zurückkehren, den sie im Jahr zuvor als Territorium verteidigt haben. Wissenschaftler und Musiker, die auf so etwas achten, können einen Vogel vom anderen am Umfang des Liedrepertoires und an der Qualität des Gesangs unterscheiden. Speziell dieser Vogel, auf Silke Kippers Karte der Nachtigallenreviere im Treptower Park nüchtern mit «#7» bezeichnet, stach unter seinen Artgenossen zwei Jahre nacheinander durch seinen besonders eindrucksvollen Gesang heraus. Es ist derselbe Vogel, den wir ihrer Ansicht nach für sie und für die Wissenschaft verdorben haben.

Liebende kennen die Nachtigall seit Jahrhunderten als Wappenvogel der Liebe und der Sehnsucht, der die ganze Nacht singt, bis die anderen Vögel im Morgengrauen einstimmen. Sogar Shakespeares Julia ist sich nicht sicher, ob sie noch die Nachtigall hört, von der sie geträumt hat. Romeo korrigiert sie – es ist bereits Morgen und zu spät für ihre verbotene Liebe:

Julia:
Willst du schon gehen? Der Tag ist ja noch fern.
Es war die Nachtigall, und nicht die Lerche,
Die eben jetzt dein banges Ohr durchdrang;
Sie singt des Nachts auf dem Granatbaum dort.
Glaub, Lieber, mir: es war die Nachtigall.

Romeo:
Die Lerche war's, die Tagverkünderin,
Nicht Philomele; sieh den neid'schen Streif,
Der dort im Ost der Frühe Wolken säumt:
Die Nacht hat ihre Kerzen ausgebrannt,
Der munt're Tag erklimmt die dunst'gen Höh'n:
Nur Eile rettet mich, Verzug ist Tod.

Glauben Sie mir: Es ist die Nachtigall, die dafür sorgt, dass die Musik weiterspielt, während wir uns in die Augen schauen, wo immer wir auch sind in den Parks der Nacht, in denen Natur und nie ganz verstummende Geräusche zusammenkommen.

Es ist wichtig, dass die Nachtigall anfängt und aufhört. Es ist wichtig, dass sie der Inbegriff des Frühlings ist, den Beginn des Sommers anzeigt und verstummt, während die warmen Tage noch anhalten. Shakespeare setzt seine Träumerei im Sonett 102 fort:

Mein Lieben, scheinbar schwächer, ist vermehrt;
Nicht lieb' ich minder, weil sich's mehr verhehlt;
Die Lieb' ist Ware, deren reichlich Wert
Des Eigners Zunge aller Welt erzählt.
Im Lenz war unsre Liebe neu; und helle
Hab' ich sie da mit meinem Lied begrüßt,

Wie Philomele singt auf Sommers Schwelle,
Und spätern Tagen ihre Kehle schließt.
Nicht weil mir Sommer minder jetzt gefällt
Als da ihr Festlied noch die Nächte weihte;
Nein, weil Musik itzt wild aus allen Zweigen gellt,
Und am Gewöhnlichen erstarrt die Freude.
Darum, wie sie, bin ich zuweilen still,
Weil ich mit Sang dich nicht betäuben will.

Sehen wir Shakespeare die Unkenntnis nach! Er wusste nicht, dass nur das Nachtigallenmännchen singt. Noch in der Romantik machten fast alle Dichter denselben Fehler, obwohl sie es besser hätten wissen sollen!

Die Nachtigall ist natürlich Philomela, eine Prinzessin aus der griechischen Mythologie. Vom Thrakerkönig Tereus, dem Mann ihrer Schwester, vergewaltigt, droht Philomela ihrer Schwester Prokne von der Schändung zu erzählen, woraufhin Tereus ihr die Zunge herausschneidet. Da sie nicht mehr sprechen kann, webt Philomela ihre Leidensgeschichte in ein Gewand für ihre Schwester ein. Als Prokne die Webarbeit erhält, entwirft sie einen Plan zur Rache an ihrem Mann, tötet den gemeinsamen Sohn und wirft Tereus den Kopf auf den Esstisch. Bevor er noch mehr Gewalt gegen die Frauen ausüben kann, verwandeln die Götter alle in Vögel: Tereus in einen Wiedehopf, Prokne in eine Schwalbe und Philomela in eine Nachtigall.

Seit tausend Jahren hört man die Nachtigall also schon von Leid und Gewalt singen, von den unaussprechlichen Gräueln, zu denen Menschen fähig sind. Sie beginnt und hält inne, lässt uns Zeit zum Überlegen, zu neuen Erklärungen, zum Einbau eigener Visionen dieses unergründlichen Gesangs. Dieser Vogel ist so besessen von der Liebe, dass er sich absichtlich auf den Dorn der rotesten Rose setzt, bis er dort verblutet. Wenn er zu uns kommt, kündet er vom Verlangen. Ich sehe das wie Angelo Badalamenti und David Lynch, die Julee Cruise in *Twin Peaks* einen Song über ein Herz singen lassen, das mit einer Nachtigall auf der Suche nach Liebe in der Nacht durch die ganze Welt fliegt. Wie das Herz eines Liebenden kehrt die Nachtigall zu demselben Zweig zurück, zu den Songs, die sich stets gleichen und nie ganz gleich sind, sich stets verändern, hinter denen unsere Übersetzungen und Deutungen stets zurückbleiben. Nur die Musik überwindet die Grenze zwischen der einen und der anderen Spezies. Ich versuche es weiter mit Klang und mit Gefühl.

In unserer Epoche des permanenten virtuellen Klangs braucht Musik nicht mehr haltbar zu sein. Ihre Interpreten müssen sich ständig zeigen, müssen immer wieder dasselbe tun, damit sie davon leben können, relevant sind. Es kann eine große Belastung sein, in dieser Mühle zu stecken.

Ich denke an die Reise nach Hawaii, die ich mit dem großartigen Schriftsteller Rick Bass unternommen habe, der meine Bemühungen, live mit Walen zu musizieren, aufzeichnen sollte. Wir fuhren jeden Tag hinaus, immer wieder, und hofften, singende Wale und den geeigneten Moment zu finden, in dem meine Klarinette mit ihnen interagieren konnte. Die Lieder von Walen sind wie lange, in die Länge gezogene, verlangsamte Nachtigallen-Melodien, sind Lieder ebenso extremer geistesverwandter Außenseiter am Baum der Evolution. Warum der kunstvolle Gesang von Tieren, die Millionen von Jahren der Auslese trennen? Wir wissen es nicht. Aber Extreme liefern manchmal die besten Beispiele oder zumindest die beste Musik. Es ist unsere Pflicht, uns mit ihnen zu befassen.

Wir legen also an der äußersten Spitze von Maui eine Pause ein und wandern den berühmten Basaltweg, die King's Road, entlang, auf den sich kaum jemand wagt, weil er zu einer zerklüfteten Küste führt und dort endet. Kein Strand, nichts Liebliches, nur grober Fels am Rand des Meeres. Nicht sonderlich beliebt. Genau das, was wir wollen.

Bass ist ein Naturbursche aus Montana, wo er in dem abgelegenen Yaak Valley lebt, weit weg von allem, was nicht reine Natur ist. Hier in Hawaii tauchen wir in eine gänzlich andere Natur ein, in ein Gebiet, das den meisten zunächst fremd vorkommt, aber leicht zu mögen ist. Wir sind vielen Menschen begegnet, die auf diese Inseln gekommen sind und sich neu erfunden, einen neuen Namen angenommen, einen neuen Job aufgetan und andere Perspektiven für sich entwickelt haben. Rick hing die Tropenphantasie fast schon zum Hals heraus.

«Ich weiß nicht, David. *Müssen* wir unbedingt noch mehr gutaussehende Survivor in der Lebensmitte, die jetzt Moonglow, Starwater oder Bliss heißen, kennenlernen? Noch so eine Geschichte halte ich nicht mehr durch.»

Ich muss lachen. Schweigend wandern wir weiter über den harten Fels, der in unsere Sandalen einschneidet, und blicken aufs raue Meer hinaus. Was sind Walfontänen, was bloße Schaumkronen auf Wellen? Die Unterscheidung ist nicht immer leicht.

«Ich weiß nicht, ob ich dieses Schriftstellerleben fortsetzen kann», sinniert er. «Ich bin gerade fünfzig geworden. Es ist nicht leicht, immer so viel aufs Papier zu bringen, Und es ist nicht leicht, über meine treuen Fans hinaus weitere Leser zu finden. Ich hätte einen der Dozentenjobs annehmen sollen, die mir dauernd angeboten wurden, als ich in Höchstform war.»

«Entspann dich, Rick. Deine Höchstform liegt noch vor

dir, weit jenseits dieser Wellen.» Sie rollen heran, bei fast vollkommender Sonne und Wind. Die Wale sind nicht so wichtig. Wir stehen schon hier an Land auf der Schwelle zu Sharawaji-Territorium.

«Weißt du, wir sollten Merwin besuchen. W.S. Merwin, unseren ehemaligen amerikanischen Poeta laureatus, den berühmten Dichter und Schriftsteller. Er lebt irgendwo auf dieser Insel.»

«Du kennst ihn?»

«Eigentlich nicht, aber ich habe angerufen und ihn vorgewarnt, dass wir uns vielleicht blicken lassen. Er hat einige meiner Sachen über den Gesang der Vögel gelesen.»

«Wirklich?»

«Er sagte, klar, kommt vorbei. Aber ruft vorher an. Und, ich zitiere: ‹In dem dichten Palmenwald, in dem ich wohne, findet ihr mein Haus allein nicht, ausgeschlossen.›»

Bill Merwin holte uns zur verabredeten Zeit am Ende des Sträßchens ab. Er hatte recht: Niemand wäre darauf gekommen, dass in diesem Wald so ein Haus steht. Zu dem Zeitpunkt, er war Mitte achtzig, begeisterte es ihn, über Nachtigallen sprechen zu können – und über alles Mögliche. Wir unterhielten uns über Dichtung und über die besonderen Bäume, die er auf seinem Grundstück zieht. Es freute mich sehr, zu erfahren, dass er seine Eindrücke beim Lesen meines früheren Buchs *Why Birds Sing* in einem Gedicht verarbeitet hatte. Es war eine große Ehre, ihn die Passage vortragen zu hören:

> Nachdem Ovids Philomela-Sage längst
> aus der Mode kam und die Zeugnisse
> von Hafis und Keats unter Anmerkungen erstickt

und in Schulen totgeleiert wurden und nachdem Eliot nicht
mehr ist …
schon der Name ist ein bisschen genierlich geworden
und Pergamente ihre Details preisgaben und Bänder
verlangsamt wurden, analysiert und mir nichts mehr
zu sagen bleibt, singt eine Nachtigall …

nach Würdigungen und Rührung und Tränen
erheben sich weiter ihre Stimmen, wüsst ich im letzten
Dunkel hörte ich diesen Gesang, o ja, wie würde ich lauschen.

Inmitten seiner geliebten Palmen, vor aller Augen verborgen auf einer hawaiianischen Insel, hörte Merwin zu: mit Optimismus, mit Vertrauen in die Kraft der Worte und der Kunst und mit der Überzeugung, dass die Menschheit den Kontakt zu dem Wunder um uns herum nicht verlieren wird.

Die Krise, in die Merwin in der Mitte seines Lebens geraten war, hatte er überwunden, sogar die Krise in der Lebensmitte unserer Spezies. Die Nachtigall, das wusste er nach den vielen Jahren, die er im dörflichen Frankreich gelebt hatte, wird immer mehr sein als das, was wir in sie hineindeuten, und wird nach dem Untergang unserer Spezies ebenso noch da sein wie alles, was wir zu beherrschen und zu wissen meinen. Wenn unsere bloß menschlichen Lieder, Gedichte und Nachtigallen-Mythen längst Geschichte sein werden, bleibt das ursprüngliche Lied, unverzichtbar und rätselhaft wie eh und je.

Dieses Lied – ich wünschte, Sie alle könnten es hören, nicht bloß durch den Äther übertragen, sondern persönlich, in natura, in Dunkel und Licht, entstanden in einer Geschichte der Innovation, Variation und ewiger Tradition. Eine Musik wie keine zweite, die wir uns aber erschließen können, wenn wir zum Zuhören bereit sind. Merwin hat jahrelang zugehört. Er kannte sie, bewahrte sie im Gedächtnis. Er kannte die Wissenschaft und lächelte über sie. Er kannte die Poesie und wusste um ihre Großartigkeit und ihre Grenzen.

Rick Bass, ich bin inzwischen älter, als du damals warst und zweifeltest, wohin das alles führte. Ich bin auf dem Weg dahin und spüre, wo du warst. Und Merwin? Wir vermissen ihn alle, er träumte von vielen Projekten, von denen er viele nicht mehr zu Ende führen konnte. Mögen wir alle solche Träume und Visionen haben, wenn wir an einem Ort ankommen, der aller Ehren wert ist.

4 GEORDNET UND UNGEORDNET

Naturwissenschaften und Naturkunst haben es nicht immer leicht miteinander. In Bezug auf ihre Wertmaßstäbe sind es zwei «Kulturen». Wissenschaft und Kunst operieren mit unterschiedlichen Kriterien für Wahrheit.

Ich kann in Berlin auf der Klarinette mit einer Nachtigall ein Duett spielen, nachts eine magische Verbindung schaffen. Und wenn die Aufnahme gut klingt, kann ich sie der Welt zum Zuhören und Genießen anbieten. Es erfüllt mich mit Freude, daran beteiligt gewesen zu sein und Sie alle daran teilhaben zu lassen.

Ein guter Wissenschaftler würde fragen: Woher wissen Sie, dass Sie die Nachtigall *tatsächlich* beeinflussen? Sie müssten das hundertmal machen und dem Vogel Kontrollklänge vorspielen, um überhaupt eine kohärente Basis zu schaffen und Voreingenommenheit dem Vertrauten gegenüber auszuschließen. Sonst taugt es nicht als wissenschaftliches Experiment. Ohne ausreichende Menge von Daten, methodisch exakt erhoben, und gründliche statistische Analyse lässt sich Ihre behauptete Interaktion nicht belegen. Das ist das Wahrheitskriterium der Wissenschaft: statistische Wahrscheinlichkeit, dass die Vermutung stimmt.

Das künstlerische Wahrheitskriterium ist das von John Keats: Schönheit ist Wahrheit und umgekehrt – gib mir etwas Hineißendes, und ich werde lächeln. Ein anrührendes Beispiel dafür, dass Menschen und Vögel gemeinsam etwas vollbringen, was keiner allein kann, mehr ist nicht nötig.

Der Philosoph Karl Popper war davon überzeugt, dass Wissenschaft sich nur mit Falsifikation befasst, nicht mit Verifikation, obwohl das kein Wissenschaftler gern hört. Sichert das der Ästhetik den leichteren Erfolg als die Stichhaltigkeit der Wissenschaft, bei der wir uns nicht auf Gewissheiten stützen können, sondern mit Wahrscheinlichkeiten begnügen müssen?

Sei es im Zusammenhang mit einer Tanzchoreographie, die sich die Entdeckung der Gravitationswellen zunutze macht, oder einer Symphonie, geschrieben nach den Regeln der fraktalen Mathematik, ich höre häufig von frustrierten Künstlern, dass Wissenschaftler sie enttäuschen, weil sie ihre revolutionären Ideen nicht anerkennen. Umgekehrt gibt es auch Wissenschaftler, die ihrerseits Galerien wunderschöne Bilder für eine Ausstellung anzubieten hätten, aber ebenfalls abgewiesen werden. Jede Seite muss lernen, das Spiel der anderen Seite zu spielen, wenn sie freundlich aufgenommen werden will.

Auch wenn es viele gibt, die den Sprung wagen, ist es von Anfang an schwierig. Ich weiß nicht, ob es wirklich zwei Kulturen sind, zumindest aber zwei Arten, sich dessen zu vergewissern, wo man hinwill. Lesen Sie wissenschaftliche Werke nicht, wie Sie künstlerische lesen würden; die Wörter sind nur selten klangvoll und anregend, die Ideen aber können großartig sein und sollten wirkungsvoll dargelegt werden. Erwarten Sie nicht, dass die Kunst Ihnen erklärt, was mit der Welt in Ordnung oder nicht in Ordnung ist. Hören Sie zu, fassen Sie an, schauen Sie. Wissenschaftliche Bilder können der Kunst gute Anstöße liefern, führen aber nicht zwangsläufig zu Erkenntnissen, die für Wissenschaftler verwertbar sind. Das müssen sie auch nicht.

Als ich vor fünfzehn Jahren mit dieser Art des Schreibens

anfing, vergeudete ich zu viele Worte auf die Kritik von Wissenschaftlern. Ich ärgerte mich darüber, dass sie vor Aussagen zur Schönheit des Gesangs der Vögel zurückscheuten. Später begeisterten mich Roger Payne und Scott McVay, die in ihrem wegweisenden Bericht über die Struktur des Gesangs der Buckelwale schrieben, dass der Buckelwal «eine Reihe von überraschend schönen Tönen ausstößt».[11] Seitdem hat es noch kein wissenschaftlicher Artikel über Tierstimmen gewagt, ihre Töne als schön zu bezeichnen, da Schönheit kein wissenschaftlicher Parameter ist. Den Gesang von Vögeln findet fast jeder schön, auch Wissenschaftler, die Fachleute tun sich jedoch schwer damit, seine Schönheit zu beurteilen.

In seinem Gedicht *Lamia* tadelte John Keats Wissenschaftler als die Art Leute, die «eines Engels Flügel stutzen, alle Mysterien mit Regeln niederringen». Biologen, die über Fliegen forschen, reißen ihnen tatsächlich manchmal die Flügel heraus und setzen die kleinen Insekten auf Räder, um zu ergründen, wie sie sich bewegen.[12] Bei Käfern empört sich jedoch kaum ein Tierrechtsaktivist. Solche Exemplare sind jedoch die Ausnahme von der Regel; die meisten Wissenschaftler sind nett zu den Tieren, die sie erforschen. Sie mögen den Gesang von Vögeln, Walen und Insekten genauso wie wir Übrigen.

Manchmal ist mir der Teil des menschlichen Verstands suspekt, der uns große Schönheit oder die unberührbare Natur als bedrückend erleben lässt. Was wissen wir eigentlich über die Welt, aus der wir kommen? Uns allen ist bewusst, sie ist in sich schöner und wichtiger als alles, was unsere Spezies zu ihr beitragen kann. Trotzdem greifen wir ständig in sie ein, fordern, dass sie ihre Geheimnisse preisgibt. Ganz gleich, wie viele Daten wir erheben, wie gründlich wir uns über die Welt belesen oder sie erforschen, schmälert das nicht den Wert ursprünglicher Begegnungen mit dem Vollkommenen und dem Wilden. Und wenn Daten uns an der Wahrnehmung des Schönen hindern können (und das auch tun), müssen wir aufpassen, das nicht zuzulassen. Und unser Wissen in Schach halten, damit wir die Welt lieben können.

Mit einer Weise, die Welt zu begreifen, ist es nicht getan. Wir brauchen die Wissenschaft nicht weniger als die Kunst, und jeder von uns kann sich beider bedienen und Erfahrungen sammeln. Im Folgenden werde ich schildern, wie meine Freunde und ich uns den Nachtigallen nähern und sie, vermittelt durch die Emotionen von Klängen, behutsam fragen, wie wir alle zusammen musizieren und dadurch unseren Platz auf der Welt neu bestimmen können. Beim wichtigsten Teil dieser Arbeit, dem Musizieren in und mit den Klängen der Natur, erwarte ich außer überraschenden Begegnungen keine weiteren Aufschlüsse. Die wissenschaftliche Forschung zum Gesang der Nachtigallen leistet allerdings einen wesentlichen Beitrag zur Vorbereitung dieser Begegnungen; machen Sie sich also auf Diagramme, Tabellen, Statistik und Ungewissheit gefasst.

Silke Kipper leitete an der Freien Universität Berlin lange Jahre die Forschungsgruppe zum Gesang der Nachtigallen als Nachfolgerin ihrer Gründer Dietmar Todt und Henrike Hultsch. Sie und ihre Arbeitsgruppe haben mit Analysen von Markow-Ketten, der Netzwerktheorie und verschiedenen anderen statistischen Verfahren individuelle Vögel verglichen. Erwachsene Nachtigallen verfügen über ein Repertoire von einhundert bis dreihundert unterschiedlichen Phrasen oder Liedern. Einige Vögel singen in einer «geordneten» Abfolge, mit regelmäßig wiederkehrenden Sequenzen, andere jedoch singen so «ungeordnet» oder chaotisch, dass in ihrem Gesang keine wie auch immer geartete Regelmäßigkeit feststellbar ist.

Wie erklärt sich dieser Unterschied? Kann der organisiertere Vogel mehr als der weniger organisierte? Oder hat er nur einen anderen Gesangsstil? Bis jetzt können wir das noch nicht beantworten.

Wissenschaftler wie Kipper bemühen sich, bei der Analyse der aufgezeichneten Gesangsproben einzelner Vögel weitgehend ohne die Kategorien menschlicher Musik auszukommen. Mit der Mehrzahl der Wissenschaftler ist Kipper sich einig darin, dass unsere musikalischen Begriffe subjektiv, auf den Menschen zentriert und für die Wissenschaft daher weniger relevant sind, bei der es vielmehr auf Zählen, Messen und Spezifizieren ankommt. Mit spezifizierenden Beschreibungen kommt man dem Ton an und für sich so nahe wie möglich.

Musik, Wissenschaft, Poesie – drei unterschiedliche und doch gleichberechtigte Wege zum Wissen. Keiner allein wird vollständig erklären, wie es ist, eine Nachtigall zu sein. Als Thomas Nagel uns mit seiner Abhandlung «Wie ist es, eine Fledermaus zu sein?» herausforderte, schloss er mit dem Fazit, dass wir die Welt niemals so erleben werden wie eine Fledermaus.[13] Vielleicht logisch, aber kein Argument wird Wissenschaftler oder Musiker davon abhalten, die Welt sehend, hörend oder auch spielerisch so erfassen zu wollen, wie andere Spezies es tun. Unsere Faszination für die alternativen Verfahren der Tiere, die der Welt singend Sinn abgewinnen, bleibt ungebrochen, denn es sind die Ausdrucksformen von Geschöpfen anderer Spezies, die sich an denselben Dingen zu freuen scheinen wie wir.

Ihrem Credo gemäß imponiert Wissenschaftlern Ordnung mehr als Unordnung, daher beunruhigt es Kipper, dass das Nachtigallenmännchen ab und zu einen seltsamen «Summton» in seine fanfarengleichen Triller, seine Klick- und Ratschlaute einbaut. Sie findet dieses Summen unangenehm, wie sie zugibt – doch darauf kommt es nicht an, denn das Nachtigallenweibchen findet es besonders angenehm. Mir war der Ton auch schon aufgefallen, den Nachtigallen nur manchmal singen wie eine schmückende, zierende Note oder sogar wie eine Blue Note – ein cooler, nicht einzuordnender Klang, den es in der Menschenmusik in vielen Formen gibt, ein hipper Ton, ein großartiger Riff, der nur bei sparsamer Verwendung sinnvoll ist.

Hören Sie das Summen inmitten all der Pfiffe und Klicks! Wissenschaftler drucken Klänge, deren Beschreibung schwierig ist, gern aus. Diese Bilder, von denen hier im Buch noch viele folgen, nennt man Sonogramme, weil sie Klänge visualisieren und die Häufigkeit ihres Vorkommens auf der Zeitschiene darstellen. Je gründlicher man sie betrachtet, desto mehr lässt sich daraus ablesen. Denken Sie sich fürs Erste diesen einen unscharfen Ton als ein Summen, Surren, Kratzen, Schnalzen oder einen Riff, der sich von den anderen Tönen abhebt. *Brrrrrjjjrrrrhh!* Ich werde ihn im Folgenden *Buri*-Ton nennen, da er weder summend noch bluesig, weder hässlich noch menschlich ist. Entscheiden Sie selbst, ob er Musik ist oder ein Geräusch.

Würde die Nachtigall ihn ständig verwenden, wenn sie es könnte? Silke Kipper ist der Ansicht, dass die Produktion dieses Tons anstrengend sein muss und daher eine virtuose Beherrschung des Stimmkopfs voraussetzt (mit dem es, anders als mit dem Kehlkopf, Vögeln möglich ist, zwei Töne gleichzeitig hervorzubringen). Hört ein Weibchen den Ton, weiß es, dass dieser Sänger stark und robust ist und eine gute Wahl zur Paarung wäre. Sie wird erregt. Möglich, dass sie gleich losfliegt und ihn sucht …

Durch verschiedene Playback-Experimente haben Kipper und ihre Mitarbeiter festgestellt, dass dem Nachtigallen-

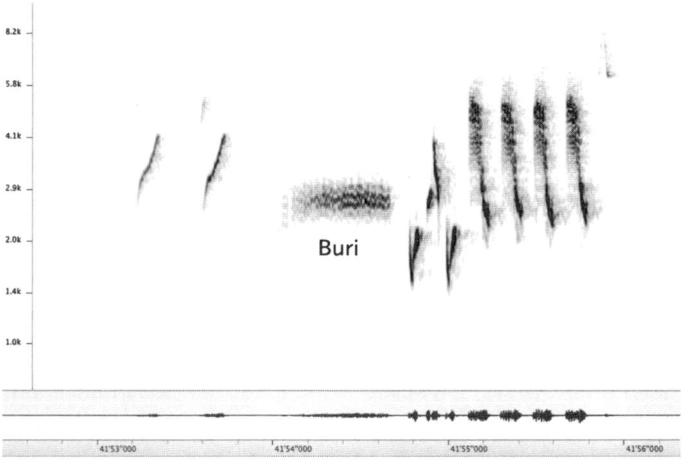

Abb. 1: Kein anderer Nachtigallenton ist so sexy wie der *Buri*.

weibchen dieses *Summen* viel besser gefällt als jeder andere Ton, den das Männchen schmettert.[14] «Wenn der Ton so sexy ist, warum singen die Männchen ihn dann nicht immer wieder?», überlegt Kipper. «Wissen sie nicht, wie gut er funktioniert?»

Als ich den Ton zum ersten Mal hörte, musste ich lachen. Er klingt wie ein bluesiger Riff, ein schräger Scherz, ein Wahwah. Solche Effekte sind cool, sicher, aber jeder Gitarrist weiß, dass man sie nicht ständig spielen sollte. Mit seinen besten Licks muss man geizen, darf sie nur spielen, wenn die Zuhörer es am wenigsten erwarten. Denken Sie daran, wenn Sie eine Nachtigall singen hören, dann entsteht eine ganz andere Atmosphäre. Sie können es fühlen, und als Wissenschaftler können Sie es natürlich auch messen.

Ich habe schon alle möglichen Begründungen für den Reiz des *Buri* gehört: Er ist unheimlich, ist weder genau das eine noch das andere, ist das Falsche, das genau richtig ist. Es gibt viele Möglichkeiten, Klänge mit etwas zu unterlegen, das sich nur schwer in Worte fassen lässt: das Hauchige unter einer Jazzklarinette, das Glissando, das Bending, den charakteristischen Slide in Gershwins *Rhapsody in Blue*. So etwas kann man nicht dauernd machen. Musik ist eine Übung im Gegeneinanderstellen von Erwartetem und Unerwartetem, von Beat und Pause, von Strukturiertem und Unstrukturiertem.

Anfangs lachten die Wissenschaftler über mich, als ich anregte, die Ästhetik von Nachtigallen in den Blick zu nehmen. Sie taten mein Anliegen als Naivität eines außenstehenden Philosophen und Musikers ab. Ästhetik, so der Einwand, sei doch eine auf den Menschen beschränkte Kategorie. Ich erinnerte sie daran, dass es Darwin war, der betont hatte, dass Vögeln mit ihrer bei Weibchen so schmückend im Verlaufe der Evolution entstandenen Vorliebe für ausgefallenes Verhalten ganz sicher ein «natürlicher ästhetischer Sinn» zugesprochen werden kann. Diese Gedanken blieben in der Biologie bis zu den neueren Arbeiten von Richard Prum[15] zwar größtenteils unbeachtet, der finnische Biologe Olavi Sotavalta, der außerdem einen Abschluss in Musik von der Sibelius-Akademie in Helsinki vorweisen kann, hat sie jedoch vor fünfzig Jahren als Erster an den Sprossern in seinem heimischen Finnland überprüft (siehe Tafel 1 im Bildteil).

Sotavalta wollte wissen, ob sich Methoden musikalischer Analyse bei dem sehr fein ausdifferenzierten Gesang des Sprossers, *Luscinia luscinia*, anwenden ließen, einem in Osteuropa und Asien heimischen Vogel, dessen Gesang kratziger und rhythmischer ist als der von *Luscinia megarhynchos*, der Nachtigall der westeuropäischen romantischen Dichtung. Das Repertoire englischer Nachtigallen besteht aus fünfzig bis zweihundert verschiedenen Phrasen mit vielen Variatio-

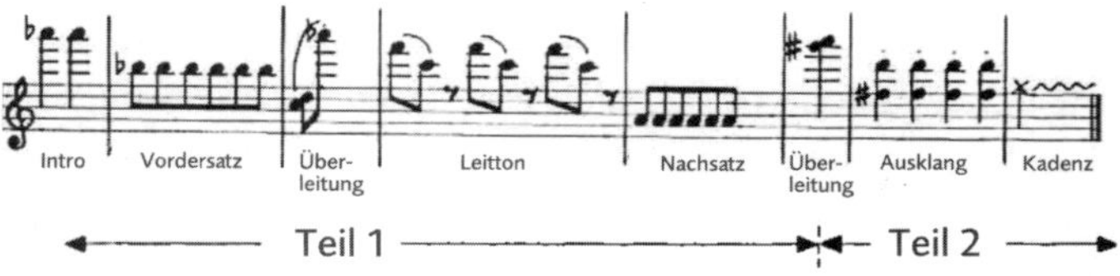

Abb. 2: Olavi Sotavaltas Strukturanalyse des Lieds der Sprosser-Nachtigall.

nen und Wechseln. Sotavalta fiel auf, dass Sprosser ebenso viele verschiedene Typen von Phrasen singen, die aber jede eine gleichmäßige Struktur aufweisen, stärker stilisiert als die Phrasen des berühmteren Vogels, weshalb sich ihre Varianten prägnanter kategorisieren ließen. Er lauschte den Nachtigallen sehr aufmerksam. Das Timbre ihres Gesangs ist nicht harmonisch, sondern rau und komplex und verbindet perkussive Rhythmen mit klaren Tönen. «Reine Töne konnten pfeifend sein, piccoloartig, dumpf, wie eine leise Flöte, metallisch, celestaähnlich oder splitterig-trocken wie ein Xylophon, lang oder kurz.» Er suchte nach den treffenden Worten. «Der häufigste Geräuschtyp zeigte sich in der Kadenz und erinnerte an das Gerassel eines Tamburins.»[16]

Sotavalta analysierte zwei Vögel, einen 1947 und den anderen 1948. Der erste beherrschte fünfzehn elementare Phrasen, der zweite siebzehn. Auf der Ebene der Phrase ist eine bestimmte Form erkennbar. Beim Gesang des Sprossers scheint der Rhythmus wichtiger zu sein als die Tonhöhe. Abbildung 2 zeigt die von Sotavalta identifizierte Grundstruktur, die für fast allen Phrasen beider Nachtigallenarten zutrifft.

Das Bemerkenswerte an dieser in der Mitte des zwanzigsten Jahrhunderts durchgeführten Analyse ist, dass Sotavalta sich umstandslos und ohne Rechtfertigung der musikalischen Terminologie bedient. Eingeleitet wird der Gesang von ein, zwei leisen Pfeiftönen, gefolgt von einem Vordersatz mit tiefen Tönen, an den sich eine kurze Überleitung zum charakteristischen Motiv anschließt, dem zwischen einer und der nächsten Phrase am deutlichsten ausgeprägten Teil. Es gibt Phrasen mit geradem und ungeradem Taktmaß, mit zuweilen ausgesprochen langen Intervallen, im Nachsatz dann eine Reihe wiederholter leiser Töne, ein hohes *Bleep*, letzte splitterige, xylophonartige Akkorde und das eine schnelle tambourinartige Rasseln: *Tschuum*, unseren *Buri*-Ton, nur unter anderem Namen. (Sotavalta ahnte nicht, dass sich dieser Nachtigallenton viele Jahre später als so sexy erweisen würde!) Das Rätsel des Sprossers gelöst? Eine Struktur ist zumindest da. Eine Art Trommelmusik, die wenig mit Melodie zu tun hat. Bei allem Lob, das der Virtuosität der Nachtigall gezollt wird, ist es verblüffend, wie fremdartig ihre Musik aussieht und klingt.

Durch genaues und sorgfältiges Hinhören konnte Sotavalta die Struktur des Sprosser-Gesangs decodieren. Er fand darin eindeutige und klare Regeln, doch seine Entdeckungen wurden von der Forschung nicht aufgegriffen. Spätere Nachtigallenforscher spotteten über seine Fallzahl von nur zwei Vögeln – und über seine Verwendung nicht quantifizierbarer musikalischer Begriffe. Dennoch kam er den Geheimnissen der Nachtigallenmusik genauer auf die Spur als alle nach ihm.

Von Sotavalta inspiriert, organisierten der Musikwissenschaftler Dario Martinelli, der Komponist Petri Kuljuntausta und ich im Jahre 2008 in Kallio-Kuninkala, der Heimat von Sibelius, ein Nachtigallen-Festival. Bei dieser bemerkenswerten Zusammenkunft feierten Biologen, Komponisten, Musikwissenschaftler und Künstler die Musikalität von Nachtigallen und diskutierten über Möglichkeiten der Zusammenarbeit unserer Disziplinen. Dort konnte ich den Neurowissenschaftler Ofer Tchernichovski davon überzeugen, dass die Nachtigallen-Ästhetik im Prinzip ein mit wissenschaftlichen Methoden quantifizierbares Forschungsthema werden könnte.

Tchernichovski ist dafür berühmt, dass er von allen Neurowissenschaftlern die umfangreichste Datenmenge zum Gesang von Vögeln verarbeitet hat, und das lange bevor «Big-Data»-Analysen in Mode kamen. Während einige seiner Kollegen eher einmal Jungvögel in dem Moment töten, in dem sie singen, um genau zu untersuchen, welche Neuronen in ihrem Gehirn gefeuert haben, baut Tchernichovski auf ein computergesteuertes *Hören*; er hat jeden einzelnen Laut aufgezeichnet, den Zebrafinken in den ersten drei Lebensmonaten hervorbringen, der Zeit, in der sie das Singen erlernen, ihrer «sensiblen Phase». Mit einem von ihm selbst entwickelten Algorithmus identifiziert er wiederkehrende Muster im Gesang, bezogen auf die Merkmale Amplitude, Zeit, Tonhöhe und die sogenannte Wiener Entropie, das Maß für die relative Menge von Geräusch pro einzelner Silbe im Vogelgesang.

Mit dieser Form statistischer Quantifizierung gewann er viele Erkenntnisse darüber, wie Vögel das Singen erlernen, zu welcher Tageszeit sie neue Phrasen erwerben, welche einzelnen Teile einen vollständigen Gesang bilden, und konnte zeigen, dass sie Teile eines Lieds vergessen müssen, um andere in Erinnerung zu behalten: bemerkenswerte Forschungsergebnisse, die durch eine breite Datenbasis gesichert sind, während zugleich so wenig Vögel wie möglich geschädigt wurden.

Tchernichovski arbeitet hauptsächlich mit Zebrafinken, der Modellspezies in der Forschung zum Gesang von Vögeln, über die man am meisten weiß. Die Neurowissenschaft interessiert sich für Vögel, weil sie – zusammen mit Walen, Delfinen und dem Menschen – zu den wenigen Arten gehören, die

Laute nicht nur instinktiv erlernen. Dazu sind nicht einmal andere intelligente Primaten fähig. Warum nicht? Die natürliche Auslese selektiert offenbar *gegen* das stimmliche Lernen. Da es so selten vorkommt, dürfte es für die meisten Spezies nicht vorteilhaft sein. Es eröffnet jedoch ungezählte Möglichkeiten für Kommunikation und Weiterentwicklung und hat sich nur in den seltenen Fällen von Singvögeln, Zetazeen und Menschen herausgebildet.

Der Gesang des Zebrafinken ist kurz und stereotyp, ihn zu erlernen ist jedoch kompliziert. Mit seinen Analysen stunden- und tagelanger Gesangsaufnahmen hat Tchernichovski unser Verständnis davon, wie Vögel singen lernen, weit vorangebracht.[17]

Ich fragte ihn, ob er sich vorstellen könne, seine Methode der quantitativen statistischen Analyse auf eine einzelne Nachtigall anzuwenden, die nachts über Stunden ein sehr langes und vielfältig gegliedertes Lied singt. Er erklärte sich sofort dazu bereit und fand bald darauf eine sehr tüchtige Postdoc-Wissenschaftlerin aus Berlin: Tina Roeske.

Biologen wandeln Klang in Bilder um, die sich mit unserem visuell ausgerichteten Gehirn leichter analysieren lassen. Roeske konzentrierte sich auf die Amplitude charakteristischer Motive im Gesang der Nachtigall und codierte die Daten farblich von Rot für am lautesten bis Blau für Stille mit einem kontinuierlichen optischen Spektrum dazwischen. Danach kartierte sie die kontinuierliche Amplitude aller drei- bis achtsekündlichen Liedphrasen (sie und die meisten Biologen betrachten diese Phrasen als vollständiges Lied, ich als Musiker aber sehe eher die gesamte Darbietung oder «Gesangsrunde» als ein Musikstück, was die Analyse allerdings schwieriger macht). Roeske reihte dann alle Liedphrasen von ihrem Anfang an nebeneinander und schaute, ob sich in der statistischen Analyse aller Phrasen gemeinsame Merkmale zeigen ließen (siehe Tafel 2 im Bildteil). Die Farben veranschaulichen lediglich die Amplitude oder Lautstärke der Phrasen. Am deutlichsten erkennt man ein Muster ganz zu Anfang jeder Liedphrase. Hier werden *Hunderte* von individuellen Liedern verglichen.

Das darauffolgende Bild zeigt 420 verschiedene Phrasen, von einem einzigen Vogel, k31, gesungen. Durch die Farbe ist es möglich, so viele Lieder auf einmal zu betrachten. Die *x*-Achse ist die Zeit in Millisekunden, woraus sich für die einzelnen Phrasen eine Länge zwischen drei und acht Sekunden ergibt (siehe Tafel 3 im Bildteil). Das ganze Konzert könnte noch stundenlang so weitergehen. Was zeigt die Abbildung? Die Phrasenanfänge haben eine gemeinsame rhythmische Form, auf die eine dem Morsecode ähnelnde punkt-strichartige Ordnung folgt. Im Anschluss folgt ein rätselhaftes Durcheinander.

Die Wissenschaft muss Tiermusik in Statistiken und Diagrammen darstellen, wenn die Töne als Daten ernst genommen werden sollen. Als Musiker begnüge ich mich damit, die Lieder als Musik zu genießen, spiele sie verlangsamt ab, um die Nuancen besser würdigen zu können, musiziere im Studio oder in der Natur mit dem Vogel, versetze mich ästhetisch in ihn hinein.[18] Wissenschaft und Musik sind zwei unterschiedliche Formen des Wissens, denen eine je eigene Herangehensweise an das komplexe Rätsel des Vogelgesangs entspricht. Mit musikalischen Mitteln lässt sich die Schönheit von Form, Tonfall und Kraft dieser sexuell markierten Lieder ausdrücken. Der Musiker bringt mit seinem Verständnis ästhetische Kriterien zum Vorschein und verdeutlicht, dass bestimme Lieder dieselben Eigenschaften aufweisen, die wir in der Menschenmusik als schön empfinden. Die Musik kann auf diese formalen und emotionalen Elemente hinweisen, aber nicht beweisen, dass sie tatsächlich vorhanden sind. Die Wissenschaft analysiert empirische Daten, die die ästhetischen Annahmen stützen oder widerlegen, allerdings nur, wenn sie anerkennt, dass die Bestandteile des Schönen messbar und damit mehr sind als subjektive Ansicht.

Die Sichtung so vieler Lieddaten in einem Bild erleichtert es uns, wie eine Nachtigall zu denken. Das Gesangsrepertoire eines bestimmten Vogels unterscheidet sich in so vielen Details von dem aller anderen Vögel, dass es wichtig ist, ein oder zwei statistisch ähnliche Eigenschaften aufzuspüren. Ausgehend von solchen quantifizierbaren Merkmalen kann man anschließend die besondere Ästhetik der Spezies Nachtigall herausarbeiten, die Grundzüge der Musik, die Nachtigallenweibchen angenehm finden oder bevorzugen.

Was ist der *Zweck* dieser Vorliebe? Roeske und ihre Kollegen hoffen darauf, Gesangsmerkmale zu finden, die mit größerem Paarungserfolg korrelieren, und dadurch zu identifizieren, was bei den Experten für das Schöne unter den Nachtigallen, den Weibchen nämlich, die die Partnerwahl treffen, den Ausschlag gibt.

Als Musiker interessieren mich eher die Regeln, denen die Musik gehorcht und von deren Form und Struktur ich lernen möchte. Roeske konnte auch zeigen, wenngleich anhand einer kleinen Stichprobe, dass bestimmte rhythmische Prinzipien sich von einem zum anderen Vogel tatsächlich unterscheiden. Abbildung 3 wurde als Präsentation auf einer Konferenz für Biosemiotik 2011 in New York verwendet. Jeder der vier betreffenden Vögel gestaltet Pausen zwischen einzelnen Silben oder Motiven auf seine individuelle Weise.

Ein «stereotyper» Vogel entspricht dem «ordentlichen Vogel», den Kipper beschreibt, wohingegen ein «variabler Vogel» ein «unordentlicher» ist. Wenn Sie sich musizierende Menschen einmal unter diesem Gesichtspunkt anschauen, können Sie sich bestimmter statistische Werkzeuge bedienen, mit denen Sie den Vortragsstil eines Musikers oder den Schreibstil eines Komponisten von anderen unterscheiden können (inwiefern genau unterscheidet sich Coltranes Virtuosität von der Parkers?). Hierin könnte ein weiterer Grund für die breite Vielfalt des Gesangs von Nachtigallen liegen: Möglicherweise ist ein Männchen an seinem individuellen Gesangsstil identifizierbar. Als Musiker sind Nachtigallen deutlich unterscheidbare Individuen mit je eigenem Stil. Schon das ist eine herausragende Entdeckung.

Wissen wir, ob die Nachtigallen das auch so sehen? Noch nicht.

Wie viel an den Phrasen einer Nachtigall ist Wiederholung, und wie viel ist Innovation? Wie stellt sich das Verhältnis beider *insgesamt*, ob Menschen- oder Naturmusik, dar? Musik toleriert viel mehr Wiederholung als Sprache, aber warum? Zu diesem Thema hat Elizabeth Hellmuth Margulis ein sehr schönes Buch – *On Repeat: How Music Plays the Mind* – vorgelegt. Sie interessiert die Frage, warum wir uns in der Musik nach Wiederholungen sehnen, seien es eingängige Beats oder Songs, die wir immer wieder hören wollen: zweifellos ein neurologisches Rätsel. Es ist offenbar von Vorteil für unseren Geist und unseren Körper, wenn wir dieselben Tonkombinationen wieder hören, es bestärkt uns, und wir langweilen uns nicht. Jedes Mal, wenn es mich beunruhigt, dass meine eigene Musik immer gleich klingt, muntert es mich auf, wenn ich von Margulis erfahre, dass mindestens ein Drittel des Beethoven'schen Œuvres Überarbeitungen früheren Ideen enthält.

In einem ihrer amüsantesten Experimente baut Margulis willkürliche Wiederholungen in hochabstrakte zeitgenössi-

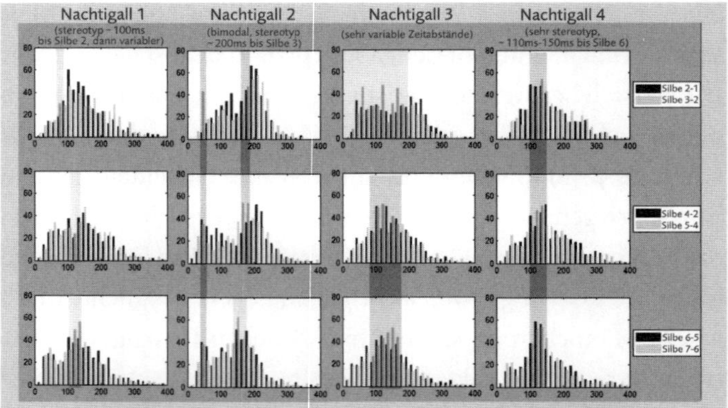

Verteilung der Zeitabstände (peak to peak) zwischen den ersten 6 Silben. Die obere Reihe zeigt die ersten beiden Silbenabstände, die mittlere Reihe die zweiten und die untere die dritten.

Abb. 3: Stereotyper versus variabler Gesangsstil bei vier verschiedenen Nachtigallen.

sche Musik ein, in ein Genre, bei dem wir uns oft in Strukturen einhören müssen, die der Erinnerung nur wenige Anhaltspunkte bieten. Margulis' Daten zeigen, dass fast alle Zuhörer, einschließlich derer, die Komponisten oder Interpreten neuer Musik waren, Stückversionen *bevorzugten*, in denen zufällige Metren wiederholt wurden. Wir müssen wiederholen, sonst behalten wir nichts im Gedächtnis.[19]

Treten Sie immer zweimal in denselben Klang ein, und machen Sie eine kurze Pause, bevor Sie anfangen. Lassen Sie dem Zuhörer Zeit zum Nachdenken – womöglich der beste Rat, den man einem Interpreten oder Komponisten geben kann, und erst recht einem Musiker, der speziesübergreifend tätig ist. Sagen Sie, was Sie zu sagen haben, und treten Sie dann zurück und lauschen, ob sonst noch jemand da ist.

Der Gesang einer Nachtigall ist voller Wiederholungen und Variationen. Ein Code, den wir leicht erkennen, aber nicht leicht verstehen. Phrasen ertönen, die ähnlich sind, aber nicht identisch. Jede Gruppierung von Motiven ist in sich bereits eine Melange aus Ähnlichem und Verschiedenem; es ist interessant, wie Melodien eine Form bilden, eine fremde Musik, aber keine Sprache, die wir entziffern müssten. Es ist eine Musik, in die wir einstimmen können.

Den Gesang einer Nachtigall erkennt man auf Anhieb. Mit etwas Übung können Sie auch den Gesang des Sprossers – *luscinia* – von dem der gewöhnlichen Nachtigall – *megarhynchos* – unterscheiden. Ersterer ist rhythmisch und herb, Letzterer relativ überschwänglich und virtuos. Trotzdem ist es nicht leicht, ein Individuum von einem anderen zu unterscheiden. Doch genau das müssen die Weibchen tun.

Als jemand, der gern spontan handelt, muss ich nicht immer alles wissen. Das Musizieren verläuft Phrase um Phrase, hin und her zwischen Mensch und Vogel. Ich reagiere sofort auf die Melodie, die ich höre, auf ihre Aufs und Abs, Volten und Sprünge, Pausen und Wiederholungen. Nach der Lektüre der wissenschaftlichen Artikel bin ich beeindruckt von dem *Buri*-Ton und einer langen Kette, die wie *bip bip bip bip bip bip bip bip* klingt. Das ist eine Herausforderung für sich, genau wie der eine Vogel, mit dem Sam Lee und ich in Lewes spielten (wir mussten vierzig Minuten über ein matschiges Feld laufen, bis wir ihn gefunden hatten). Sogar Matthew Barley schleppte sein unbezahlbares Cello heran, um uns zu begleiten.[20] Dieser Vogel war das letzte Männchen, das in seinem Wäldchen sang, ein launenhaftes Symbol für die englische Schwermut.

Viele Wissenschaftler scheuen die Erwähnung des Worts, Tina Roeske jedoch forscht besessen über die *Schönheit* des Vogelgesangs. Nach wie vor nimmt sie Tausende Nachtigallenlieder durch die Mangel statistischer Analysen, identifiziert gestaltprägende Formen und Silben, Anfänge, Mittelteile und Enden, Lautstärken, Brüche und Pausen, einheitliche und entropische Verläufe, und präsentiert ihre Rechenergebnisse in wunderschönen farbigen Bildern, die zwar nichts damit zu tun haben, wie Musiker diese Phrasen begreifen, aufgrund der schieren Menge von Daten in visueller Form aber dennoch verblüffen.

Was war Roeskes wichtigster Befund? Kurze Antwort: Menschen bevorzugen bei melodischen Liedern eine schrittweise Bewegung. Nachtigallen jedoch mögen Richtungswechsel. Steigen wir erst einmal auf oder ab, wollen wir den Auf- oder Abstieg fortsetzen. Nachtigallen jedoch gehen einen Schritt hinauf und den nächsten hinab. Sie springen ein Sechstel aufwärts und anschließend eine Oktave abwärts. Melodisch gesehen, vereiteln sie die Erwartungen des Menschen. In gewisser Weise sind sie die Thelonius Monks in der Welt der Singvögel.

Rhythmisch gesehen fangen die Nachtigallenphrasen meist gleich an, mit ein paar langgezogenen Pfeiftönen, gefolgt von einer Reihe kontrastierender Triller und Klicktöne. Nach der Präambel aber wird es interessant, da jeder Vogel seine eigenen Wege geht. Manche tun es mit Pfeiftönen, andere mit kontrastierenden Beats. Der Sprosser hat den sexy *Buri*-Ton nicht im Repertoire.

Obwohl die Fortsetzung der Lieder nach den ersten Tönen von einem Vogel zum nächsten stark variiert, bleibt sie bei ein und demselben Vogel gleich. Daher lässt sich anhand der späteren Silben feststellen, welcher Vogel singt. Diese Konstanz ist kein generelles Speziesmerkmal, sondern tritt nur beim Individuum auf. Die einzelnen Vögel unterscheiden sich durch ihre Gesänge.

Ich finde dieses Ergebnis wichtig, Tina Roeske nicht, weil

dasselbe Problem immer auftritt, wenn Wissenschaftler über Vögel mit komplexem Gesang forschen. Donald Kroodsma, der bedeutende Biologe, riet einem Studenten einmal dringend davon ab, über Spottdrosseln zu forschen, weil sie ihm «die Daten verderben» werden. Bei Meisen wissen wir inzwischen genau, was jeder einzelne Ton bedeutet, aber bei Spottdrosseln? Ein einziges Durcheinander. Wir können nicht einmal sicher sagen, ob sie die Alarmanlagen von Autos nachahmen oder ob die Alarmanlagen so programmiert wurden, dass sie die Vögel nachahmen. Was also, wenn wir Mittel und Wege finden, eine Nachtigall von einer anderen zu unterscheiden? Wir wissen dann immer noch nicht, was den Gesang eines Vogels «besser» macht als den eines anderen, weil bisher niemand eine Korrelation zwischen bestimmten Gesangseigenschaften der Nachtigall und dem Paarungserfolg nachgewiesen hat. Das ist der Heilige Gral der verhaltensbiologischen Forschung zum Vogelgesang: Was können diese Burschen tun, um ihre Chancen da draußen zu verbessern? Vielleicht ist diese Sicht auf Schönheit in der Natur dumm und gemein, aber manchmal haben wir nichts anderes.

Ich finde in Tinas Roeskes Forschung alle möglichen Belege für mein Bauchgefühl, dass die besten Momente in der Musik sich der Erklärung entziehen. Man muss gegen den Strom schwimmen. Roeske hat das getan, als sie sich von der Schönheit der Nachtigall gefangen nehmen ließ, die uns überrascht und stets aufs Neue zum Zuhören und Staunen bringt. Womöglich tut die ganze Spezies nichts anderes, wenn sie zu einer aufsteigenden Melodie aber gerade nach unten will, überraschende Phrasen singt, uns mitnimmt und in dem Glauben bestärkt, dass es sich nach wie vor lohnt, mit diesen Vögeln zu musizieren, eine Musik zu machen, die keine Spezies erwartet.

Ich denke an das erste Mal, als ich nachts um eins in der Hasenheide war: im April 2014. Ein Singvogel sitzt vielleicht einen Meter entfernt versteckt im Gebüsch. Ich spiele nicht Brahms wie Beatrice Harrison, sondern will zusammen mit einer Nachtigall eine Musik machen, zu der Mensch und Nachtigall je eine Hälfte beisteuern und die vielleicht niemandem gefällt. Je länger ich es spiele, desto mehr werde ich gepackt. Jedes Jahr komme ich am selben Tag wieder in dieselben Parks und zu denselben Bäumen mit denselben Vögeln und hoffe, die Nacht wird so warm, dass die Musik endlos strömen kann.

Ich beneide Tina Roeske nicht um die Aufgabe, monatelang Daten zu sammeln, zu programmieren, zu grübeln und neue Visualisierungsmöglichkeiten zu entwickeln, die den Gesang unvoreingenommen und ohne verfälschende Subjektivität abbilden. Die Farbschichten der Linien schmälern den Reiz für mich nicht, sondern veranschaulichen die Schwierigkeit, Schönes in Daten zu verwandeln. Das Wunder ist, dass Farbe dazu beiträgt, Daten zusammenzufassen. Die Wissenschaft gewinnt dadurch an Schönheit, und wenn man Schönes messen will, darf man keine Angst davor haben, es zu hören.

Die Dichter des achtzehnten Jahrhunderts priesen als Erste die Schönheit im Gesang der Vögel, lauschten den Rhythmen und dem Auf und Nieder der Vogelphrasen vieles ab und ließen sich davon anregen. Musiker kamen viel später auf den Trichter, erst dann nämlich, als die sonderbaren Rhythmen und kratzigen Töne der Nachtigallenlieder als musikalisches Material anerkannt waren. Wissenschaftler wiederum nahmen sich der virtuosen Äußerungen erst an, als Klang automatisch in Bilder umgewandelt werden konnte, die wir heute nach Belieben betrachten und aus deren vermeintlich objektiven Visualisierungen wir eine Ordnung und Struktur herauslesen.

Verändert hat sich im letzten Jahrzehnt, wie einfach sich diese Abbildungen herstellen und verfeinern lassen. Ich fand die Sonogramme, die meine Computer ausspuckten, schon immer betörend schön, doch heute können wir sie zu Tausenden nach verschiedenen Indizes sichten und immer mehr digitale Daten noch feiner geordnet katalogisieren.

Als ich anfing, Wissenschaftler zu drängen, die Musik von Vögeln genauer zu untersuchen und nicht bloß anzunehmen, dass der lauteste oder ausdauerndste männliche Sänger die meisten Weibchen bekommt, sondern danach zu fragen, welches Nachtigallenlied das beste ist und welche ästhetische Tiefenstrukturen für Gefallen und Nichtgefallen sorgen, waren die meisten der Ansicht, meine Fragen lägen außerhalb dessen, was sie messen können.

Die fünfjährige Analyse von mindestens sechstausend einzelnen Nachtigallenphrasen, gesungen von Dutzenden von Vögeln und aufgezeichnet in ganz Europa, mündete in einen Aufsatz, in dem Ofer, ich, Tina Roeske und andere Koryphäen der Nachtigallenforschung die Ansicht vertreten, musikalisches Denken bringe die verhaltensbiologische Forschung zum Vogelgesang voran. Das Ergebnis, «Investigation of Musicality in Birdsong», wurde 2014 in der Fachzeitschrift *Hearing Research* veröffentlicht.[21]

Tchernichovski erforschte eine noch einfachere Ebene unterhalb der Gesangsphrasen, nämlich die *Pause zwischen* einzelnen Tönen, und vermutete, dass Rhythmus und Stille nicht weniger bedeutsam sind als klangliche Vielfalt. Die einzelnen Linien (siehe Abbildung 4) sind zwar fein genug, das enorme Chaos dieser Hunderte von Phrasen zu veranschaulichen, die einander kaum ähneln; wie aber soll man so eine Menge rhythmischer Variationen in einer einzelnen Abbildung vergleichen? Die Quadratgitter, die er bevorzugt

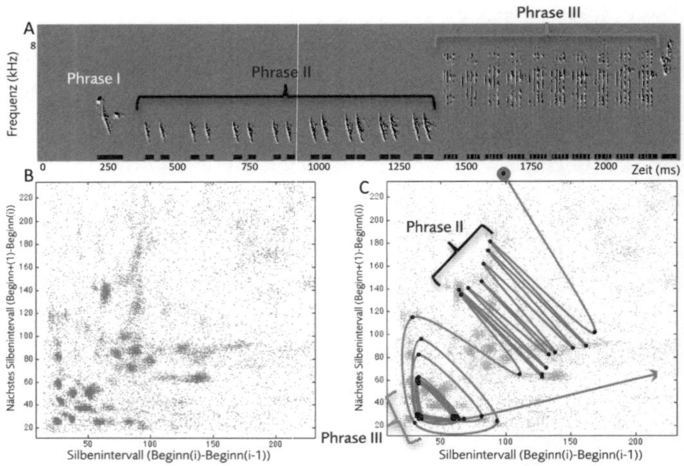

Abb. 4: Die Pausen zwischen allen Silben einer Nachtigall, in einem Bild erfasst.

und die ein Intervall im Verhältnis zu ihrem Einsetzen abbilden, erschweren es Musikern zwar, sich die Töne als Partitur vorzustellen, erleichtern ihm jedoch die Arbeit, da in ein Bild riesige Datenmengen einfließen.

Die dicke Linie des Phasendiagramms veranschaulicht die Bewegung eines Liedes, die Ansammlungen dunkler Punkte zeigen Parallelen in den rhythmischen Pausen zwischen den Klängen. Der Verlauf gehorcht erkennbar nicht dem Zufall, sondern folgt verschiedenen Rhythmen. Vergessen Sie nicht, dass sich diese Nachtigallenspezies, die *luscinia* aus Helsinki, auf die Weise viel leichter analysieren lässt als die *megarhynchos* aus Berlin mit ihren Hunderten verschiedenen Gesängen.

Und was ist mit den verschiedenen Liedarten? Es kommen Pfeiftöne, Klicks und Brrfs vor. Hier können wir ihre Tonhöhe (Frequenz) im Verhältnis zur «Lärmigkeit» (Wiener Entropie, Tchernichovskis Lieblingsmerkmal) darstellen. Dies ist das

Fragment des Lieds eines Vogels, nach Typen gruppiert und rhythmisch gescannt. Alle Phrasen in einem Gitter zusammengefasst, erhält man nach der Analyse das in Tafel 4 (siehe Bildteil) gezeigte Ergebnis. Abermals wird der Unterschied zwischen ordentlichem und unordentlichem Vogel sichtbar. Oder ist es so, dass ein Vogel nur wenige spezifische Töne produzieren kann, während ein anderer aufs Geratewohl singt, aber unverbunden?

Noch wissen wir nicht, ob geordnet oder ungeordnet aus Sicht der Nachtigallenweibchen besser ist. Lässt sich das nur messen, wenn wir feststellen, wer den größeren Paarungserfolg hat? Vielleicht singen die besten Sänger nur weiter und weiter und machen, während das Jahr voranschreitet, immer mehr und differenziertere Musik, *weil* sie keine Partnerin gefunden haben. Zumindest erzählt das die alte Sage von der Nachtigall, die aus unerwiderter Liebe singt, wie es das gewohnte Tun menschlicher Musiker ist. Warum sollten sie so viel anders sein als wir?

Und darum: Lässt sich Vogelmusik in Zahlen abbilden? Im selben Umfang wie alle andere Musik, vermute ich, und mit derselben Unzulänglichkeit. «Ein Muster konnten wir nicht finden!», sagt Roeske, nun wieder in Deutschland an dem so faszinierend benannten Max-Planck-Institut für Empirische Ästhetik. «Ich wollte zu gern, dass es ein Muster gibt, ich war entzückt von der Schönheit des Vogelgesangs und vergaß, dass er sich nicht decodieren lässt.»

2017 aber wurde das Jahr einer merkwürdigen Entdeckung. Roeske und ihre Kollegen publizierten einen Ausatz, in dem sie die These vertreten, dass die Vögel swingen. Als Roeske anhand exakter Messdaten ermitteln will, was den Gesang der Nachtigall so musikalisch klingen lässt, zeigt sich, dass der am besten messbare Aspekt der Nachtigallenmusik der

Rhythmus ist, nicht die Struktur oder Form.[22] «It don't mean a thing, if it ain't got that swing.» Fehlt der Swing, dann fehlt alles, aber der ist bekanntermaßen schwer zu definieren. Es ist die ungleichmäßige Synkopierung, die in uns den Bewegungsimpuls erzeugt, nicht ganz Triole und nicht ganz drei Viertel. *DAH duh DAH duh DAH duh DAH duh*: Wenn man es nicht fühlt, wird man es nicht spielen können. Wir hören es, wenn es kommt, das Ungleichmäßige im Gleichmäßigen, und lächeln unwillkürlich.

Die Nachtigallen, stellt sich heraus, haben das in ihren Rhythmen auch, eine Gleichmäßigkeit, die immer ein bisschen ungleichmäßig ist, und das keineswegs zufällig. Roeske hat inzwischen etwas ausprobiert, was sie «multifraktale Analyse» nennt, eine bisher in der Humanmusik angewendete Methode zur Messung bestimmter Arten von Ungleichmäßigkeit, die sich nicht als zufällig erklären lassen. Man braucht keine Zahlen, um die schöne Musik des Vogels zu hören, die Entdeckung dieser musikalischen Eigenschaft bestärkt uns jedoch in der Überzeugung, dass es kein Wunschdenken ist, wenn wir bei musikalischen Vögeln Jazz hören. Die Wissenschaft muss zählen, was nicht zählbar ist, und so findet man heraus, was den Swing ausmacht.

Warum sollte sich ein Wissenschaftler dafür entschuldigen, dass die Musik eines Vogels ihn fesselt? Die Wissenschaft ist Schönem gegenüber zurückhaltend, da sie nicht weiß, wie sie etwas nicht Messbarem beikommen kann. Schönes geht mit Zahlen und Berechnungen nicht zusammen. Schönheit ist, genau wie Wahrheit, so Spinoza in seiner *Ethik* abschließend, «ebenso schwierig wie selten».

Betrachtet man die Farben länger, stellt sich ein Gefühl für das Dynamisch- und das Mathematisch-Sublime ein, wie Kant es in seiner *Kritik der Urteilskraft* nannte, wenn man begreift, dass sich das gesamte tonale Repertoire eines einzelnen Vogels, der Gesang eines ganzen Jahres an einem Ort mit Farbe und mit Rechenoperationen in einem Bild fassen lässt. So etwas Unglaubliches kann Big Data leisten. Doch diese Ergebnisse sind mehr als nur der Beweis einer wissenschaftlichen Hypothese. Man erlebt auch einen Moment der Schönheit, wenn man so ein Bild aufnimmt und begreift, wie viele Befunde es in sich vereint. Daten analysieren und sich in sie hineinversetzen – beides ist nötig.

Ich wüsste gern, was das eine Nachtigallenlied besser macht als das andere, und vermute, Länge, Komplexität, Lautstärke und Ausgefallenheit liefern nicht die Antwort. Die Evolution differenziert weitaus feiner. Jede Nachtigallenspezies hat ihre eigene Ästhetik, und je mehr Zeit wir mit gemeinsamem Musizieren verbringen, desto näher kommen wir dem Empfinden, welche die beste ist.

Ich habe die wissenschaftliche Literatur zum Thema gelesen, allein in der Natur mit Vögeln und mit anderen Tieren gespielt und sogar musizierend die Komfortzone verlassen und die Grenze meiner eigenen Spezies überschritten, weil ich glaube, dass die Musik uns mit den anderen Tieren auf der Welt verbinden kann. Jetzt möchte ich andere auf meine Reise mitnehmen. Doch zunächst muss ich erkunden, wie man durch genaues Zuhören den Widerhall einer ganzen Stadt und der Musik ihrer vielen Tiere und Bestandteile kennenlernt.

5 KLANGORTE

Jahrelang habe ich die Kompositionsweisen von Musikern untersucht, die nicht zur menschlichen Spezies gehören. Ich wollte ihre Gesänge begreifen und ihre musikalischen Welten kennenlernen, mich ihnen anschließen und speziesübergreifende Musik machen, die uns der Kunst anderer Geschöpfe und der Natur näherbringt. Es gibt viele außermenschliche Musiker, auf die man sich einlassen kann, und je öfter ich solche Versuche wage, desto mehr staune ich, dass all diese Klänge ein akustisches Ganzes ergeben. Ob sich der Sharawaji-Effekt einstellt, wenn der in seinem Habitat nicht sichtbare Vogel wertvoller ist als sein Lied?

Schon immer haben Musiker die Natur als Inspirationsquelle und Lehrmeister geschätzt. John Cage, Liebhaber der Stille, wollte die ganze Welt als ein großes musikalisches Werk betrachtet wissen. Der Klangalchemist und Pop-Produzent Brian Eno wollte, dass seine Musik selbst eine Landschaft ist, nicht bloß eine widerspiegelt, mit anderen Worten, er wollte die Natur in ihrer Funktionsweise nachahmen. Der Jazzklarinettist Sidney Bechet sagte, während er auf dem Balkon seiner Pariser Wohnung Tiergeräusche übte: «Manchmal ist das, was wir Musik nennen, nicht die wahre Musik.»

Was ist dann wahre Musik? Wie verstehen wir die gesamte Ökologie der Musik? Manchmal wollte ich von Wissenschaftlern wissen, wo wir Antworten auf unsere tieferen Fragen zu den Mechanismen der Natur finden, manchmal bin ich nur ins Freie gegangen, habe gelauscht und selbst musiziert.

Wir haben gesehen, was die Wissenschaft über die Klänge individueller Vögel zu sagen hat. Wie verhält es sich nun mit der Musik ganzer Habitate? Bis vor kurzem gab es kaum Forschung zur Musik ganzer Ökosysteme und kaum Versuche, die Symphonie sämtlicher Umgebungsgeräusche zu dokumentieren. Heute jedoch, im Zeitalter von Big Data, wird das Verstehen der akustischen Wechselbeziehungen an realen Orten möglich.

Wir sehen, und wir hören. Das Sehen liefert uns mehr Informationen, Bilder um Bilder, die wir problemlos akkumulieren. Das Hören stellt uns ins Zentrum des Geschehens. Wir erhalten genauen Aufschluss darüber, wo wir sind. Bilder ergänzen sich und konkurrieren nicht miteinander. Aber was nehmen wir von unserer Umwelt akustisch wahr, und was verstehen wir beim Zuhören? Ich meine nicht einzelne akustische Nachrichten und Codes, sondern wie alles zusammenpasst. Wir mögen erst vor kurzem herausgefunden haben, wie wir das akustische Ganze analysieren können, wollen das aber bereits seit Jahrhunderten. Die Eigenschaft, die keinen Namen hat, das Schöne, das mehr ist als die Summe seiner Teile, die unbeschreibliche Vollkommenheit des Sharawaji, die niemand ganz genau bezeichnen kann, die aber offenbar wird, wenn man sie findet.

Die Schönheit des Ganzen will die Ökologie uns seit jeher nahebringen, ohne dem umfangreichen Spezialwissen darüber, was alles zusammenhält, Abbruch zu tun. Ich möchte zum intensiven Zuhören ermutigen, das volle Ganze wahrzunehmen, mit uns selbst im Zentrum. Klang umgibt uns überall und situiert uns in der realen Welt.

Wir suchen den perfekten Ton im Roman und Sharawaji im Fremden. Wir können die Welt gestalten, aber nur bis zu einem gewissen Grad. Wir können endlos zuhören und wollen wissen, wo wir stehen. Wenn wir begreifen, dass alles Klang ist, entsteht eine «humanimalische» akustische Umwelt, die Platz für uns alle hat.

Ich bemühe mich immer, das Traurige der Klage auszublenden, wenn ich der Vernetztheit unserer untergehenden Welt lausche. Im Grunde will ich nicht glauben, dass sie untergeht. Angesichts der vielen schlechten Nachrichten, die uns über die Natur erreichen, von steigenden Meeresspiegeln und Temperaturen bis hin zum Aussterben Tausender von Spezies pro Jahr, ist es wichtig, via Musik, Kunst und eigenes Erleben die Klänge wahrzunehmen, die uns umgeben, besser zuzuhören und zu begreifen, wer und was jeder von uns ist. Das soll nicht wie eine leere Platitude klingen, sondern Sie zu einer Reise an viele Orte und zu vielen Erfahrungen ermuntern, zu einer faszinierenden Forschung, die gerade beginnt und detailliert aufzeigt, was wir von der ungeheuren Ökologie des Klangs lernen.

Heute möchte ich bei noch *mehr* Tönen, Klängen und Geräuschen zuhören, nicht nur an einzelne Lebewesen denken, die allein singen und musizieren. Ich lebe als Einzelmusiker, lasse die Töne anderer Spezies auf mich wirken, hoffe darauf, dass sich zwischen Ich und Du, von einer noch unverstandenen Stimme zur anderen, in einem speziesübergreifenden Mysterium eine Beziehung aufbauen lässt.

Wir wissen inzwischen, dass die Vorstellung von einem Gleichgewicht der Natur ein Mythos ist, dass die Natur das Chaos liebt, in dem sie ums Überleben kämpft. Jeder Teil aber hat einen Platz in dem Ganzen, das bei aller dynamischen Unordnung *funktioniert*. Seit den Ursprüngen der Systemtheorie in den Fünfzigern und Sechzigern und den Anfängen der quantitativen Logik empfinden wir Systeme als zu verwirrend und kompliziert, um ausführlich darüber zu sprechen. Heute jedoch können wir große Datenmengen viel besser verarbeiten, unsere Computer können besser damit umgehen. Ein Glück, denn ich kenne niemanden, der gern Terabytes von Daten sichtet. Wir brauchen Computer, die das für uns übernehmen, weil wir nicht bewältigen können, was unsere Sinne überfordert.

Die Wissenschaft war immer eine Geschichte der Deutung von Bildern, wobei Leute vom Fach die ständig besser werdenden visuellen Darstellungen unserer komplexen Welt zu schätzen wissen. Klänge ertönen und vergehen, bleiben nicht lange genug im Gedächtnis, um sie zu analysieren und zu zählen. *Bilder* von Klängen aber, auf denen ein Rauschen wie von startenden Flugzeugen oder ein Sirren von Zikaden zu schönen Darstellungen einer präzisen Ordnung werden, können heute ganze Tage in einem einzigen Bild komprimieren.

Das Ecosound Laboratory in Australien, geleitet von Michael Towsey, bereitet den Weg für eine automatisierte Kategorisierung einzelner Naturlaute, sodass man die im Laufe eines Tages stattfindenden Veränderungen einer akutischen Umwelt in einem Bild sehen kann. Der erste Teil von Tafel 5 (siehe Bildteil) zeigt ein Standardsonogramm der Geräusche eines Tages im Busch von Queensland, berechnet mit normaler Computersoftware, der zweite zeigt, was Ecosound aus den Daten herausgeholt hat. Das obere Bild ist opak und zeigt uns lediglich, dass die Geräusche zu Tagesanbruch einsetzen und über den Tag fortdauern bis zur Nacht, wenn die Geräusche von Insekten dominieren. Bei dem farbigen Bild jedoch sind nach Durchsicht durch einen Menschen plus Computeranalyse verschiedene akustische Indizes zu dem Bild hinzugekommen, die unterschiedliche Aspekte der Geräusche des Tages hervorheben. Es ist die erstaunliche Analyse einer gewaltigen Tonmenge. In einer Langzeitstudie hat Towsey einmal acht Monate lang Tag für Tag alle Geräusche einzeln aufgezeichnet und das Ergebnis in einem Bild zusammengefügt (Tafel 6 im Bildteil). Es bildet viel mehr Terabytes hörbaren Materials ab, als ein Mensch in seiner oder in mehreren Lebenszeiten durchgehen könnte. Hier gerät der Mensch mit seinen Beobachtungsmöglichkeiten ins Hintertreffen. Wir haben kein Chaos vor uns, sondern den an den Linien ablesbaren Wechsel zwischen Stille und verschiedenen Tonstärken und -frequenzen. Im Frühjahr und Sommer (von November bis März) gibt es auf der südlichen Hemisphäre nachts mehr Geräusche, mehr Insekten und mehr amphibische Aktivität, wobei der kräftigste Morgenchor im Frühling von dem tiefen Ultramarinblau dargestellt wird.

Die schiere Datenmenge, die wir auf einen Blick geboten bekommen, nötigt Ehrfurcht ab. Stellen Sie sich einmal vor, Sie sollten sich dies alles nach und nach anhören, Tag für Tag, rund um die Uhr, und müssten so etwas Gewaltiges auch noch begreifen. Die Auffassungskraft keines Menschen reichte je an den Rechner heran, der sie verarbeitet. Das Bild, das der Rechner ausspuckt, ist schön und verwandelt diese Datenmengen in etwas Erhabenes.

Wie beurteilen wir, ob eine akustische Umwelt besser ist als eine andere? Lars Frederiksson empfahl die Suche nach Sharawaji, doch als der Pionier der Öko-Akustik Almo Farina eine Maßeinheit benötigte, entschied er, der sein Arbeitsfeld als ernsthafte Wissenschaft verstanden wissen wollte, sich für eine Zahl.

Gemeinsam mit den Studenten Rachel Malavasi und Nadia Pieretti widmete er sich über viele Jahre der Frage, wie sich die Klänge von Vögeln über eine bestimmte Landschaft verteilen. Ihre Untersuchung dauerte einige Wochen, von der Ankunft der Vögel nach ihrem Zug, bis sie sich nach Paarung, Nestbau und Eierlegen in der akustischen Umwelt etabliert hatten.

Man würde intuitiv sagen, der Wald klingt danach anders, den Nachweis führen konnte man aber erst mit den in jüngster Zeit entwickelten Methoden der Analyse von Klanglandschaften.

Als Erstes brauchte Farina eine Maßzahl, mit der sich die Summe der Töne angepasster Vögel, die er für eine bestimmte Umwelt ansetzte, in eine Ziffer umwandeln ließ, mit der man rechnen und vergleichen kann. Diese Maßzahl bezeichnete er als Index akustischer Komplexität. Er ging von der Beobachtung aus, dass man in einem gesunden Ökosystem voller Singvögel im Frühjahr ständig wechselnde Klänge vorfindet, wohingegen die *menschengemachten* Töne, die auf diese Landschaft einwirken, im Allgemeinen invariabel sind, gleichbleibender Lärm von dröhnenden Flugzeugen, Autos und ratternden Zügen etwa. So einfache Geräusche sind auf Anhieb identifizierbar, anders als der bei Morgengrauen schlagartig einsetzende Chor von fünfundzwanzig verschiedenen Singvögeln, die unablässig zwitschern. Lässt sich dieser Unterschied in einer Zahl ausdrücken?

Abbildung 5 ist die Darstellung eines Singvogelchors vor Flugzeuglärm im Hintergrund. Der Unterschied in der Beschaffenheit des Klangs ist auf den ersten Blick erkennbar.

Die Vögel lassen sich von der Anwesenheit des Flugzeugs offenbar nicht beeindrucken, zum Ärger von Toningenieuren vielleicht. Die Abbildung hat starke Ähnlichkeit mit der einer «unberührten» Klanglandschaft, wie sie das Diagramm auf der linken Seite von Abbildung 6 zeigt. Nehmen Menge und Präsenz menschengemachter Geräusche jedoch zu und ziehen außerdem viele Flugzeuge am Himmel vorüber, entsteht also der Klangbrei einer lauten Großstadt, erhält man etwas wie das Bild rechts.

Die dunklen Linien in Abbildung 6 sind niederfrequente Töne unterhalb von 1500 Hz. Die hellen Linien sind die hö-

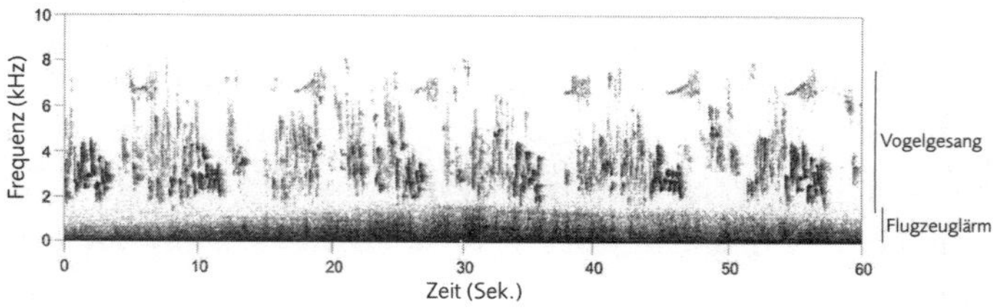

Abb. 5: Ein Singvogelchor vor dem Hintergrund eines dröhnenden Flugzeugs.

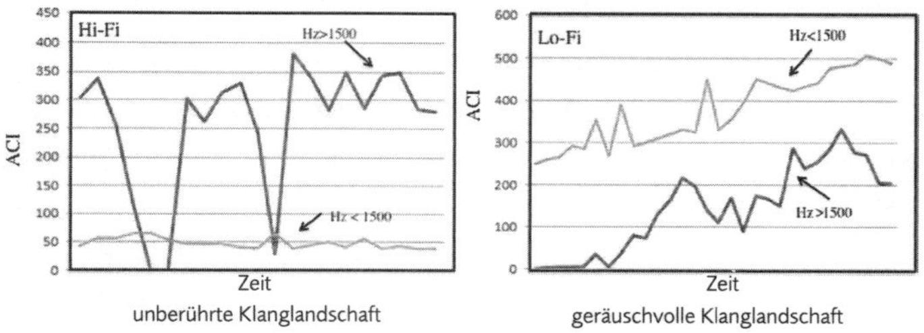

Abb. 6: Index akustischer Komplexität in unberührten und geräuschvollen Klanglandschaften.

herfrequenten Töne. Rechts, in der lauteren Umgebung, sind am komplexesten die niederfrequenten Töne des Menschen, die den hochfrequenten Tönen von Vögeln oder Insekten weniger Raum zur Entfaltung geben. Sie sind zuletzt simpler und weniger entwickelt. Hingegen gibt es in unberührten Landschaften kein permanentes Motorengebrumme. Hochfrequente Töne wie das freudige Gezwitscher von Vögeln sind laut und klar zu hören.

Instinktiv sträube ich mich gegen den Gedanken, dass Daten schön sein sollen. Doch was wir heute alles damit anfangen können! Vielleicht erwacht in uns gerade die Fähigkeit zu einem ästhetischen Verständnis der computerisierten Welt. Gewiss, die uns vor Augen stehende Natur wird immer das Interessantere sein, und wir haben bessere Werkzeuge zu ihrem Verstehen denn je, nehmen uns aber nur selten die Zeit, auf das zu achten, was sich zunächst wie sinnloser Umgebungslärm ausnimmt. Hat es etwas zu besagen, dass diese Geräuschkulisse uns schon seit Anbeginn der Zeiten umgibt?

Computer tracken uns und spüren uns nach, machen jeweils einzigartige und doch durchschaubare Zahlenreihen aus uns allen. Es ist einfach, auch diesen Lärm zu ignorieren. Ich würde allerdings lieber damit tanzen, Bilder davon machen und mir vor Augen führen, dass Big Data außergewöhnlich klein ist. So winzig sogar, dass es nahezu unsichtbar ist in seiner Unermesslichkeit, unter Umständen aber fähig, dem Schönen auf die Spur zu kommen, das in Mustern liegt, so kompliziert und versteckt, dass Computer ihre inhärente Bedeutung vielleicht lange vor uns finden. Und mit den Bildern, die Computer uns von dem liefern, was sich kein noch so geduldiger Mensch anhören kann, gerät die unermessliche Tiefe eines jeden Moments immer mehr in den Blick.

Hat die Menschheit je etwas anderes gewollt, als die tosende Wirrnis des Lebens zu begreifen? Die Bäume vor meinem Fenster: ist ihre Anordnung zufällig oder planvoll? Beides, lautet die Antwort. Ihre Verteilung gehorcht Prinzipien, aber nicht so simplen, wie wir meinen. Gut möglich, dass unsere schlichten Vorstellungen von Blatt, Stamm, Ast und Gestalt rein gar nichts mit dem Zweck von Werden und Vergehen zu tun haben.

Statistiken vermehren sich überall. Sie können das Zuhören und Musizieren nicht ersetzen. Wir sollten unsere Wahrnehmung schärfen und uns bemühen, die jeweils emblematischen Klänge aller Orte zu erfassen.

Wie muss ein Klang beschaffen sein, der den Zuhörer in die reale Welt versetzt, die er perfekt repräsentiert? Im Keller eines Pariser Museums umgibt mich eine Welt aus Klanglandschaften in Gestalt leuchtender Neonlampen. Ich besuche eine fabelhafte Ausstellung in der Fondation Cartier mit dem Titel «Le Grand Orchestre des Animaux», inspiriert von dem Buch von Bernie Krause, dessen englische Erstveröffentlichung *The Grand Animal Orchestra* heißt.

Krause ist eine Gestalt, wie es auf diesem Gebiet keine zweite gibt, ist er doch weder zuerst Wissenschaftler oder Forscher noch aktiver Musiker eines bestimmten Genres. Er ist ein Meister des Hörens und der Aufzeichnung von Naturklängen, hat schon so viele verschiedene Dinge getan: In den Sechzigern ist er bei einigen Konzerten der Weavers für Pete Seeger, den Superstar des Folk, eingesprungen. Als Handelsvertreter hat er schon früh den Moog-Synthesizer in die Filmindustrie und zu Popstars gebracht. Er hat, beginnend in den Siebzigern, die ganze Welt bereist und Naturklänge aufgenommen und war in den Achtzigern einer der wenigen, die mit dem Verkauf von Naturklängen wirtschaftlichen Erfolg hatten, nachdem die CDs seiner Firma Wild Sanctuary in Einkaufszentren in ganz Amerika in den Läden der Nature Company vertrieben wurden. Krause hat seine Geschichte mehrere Male in wunderbaren Büchern erzählt, die auch Aufnahmen von Klanglandschaften und Anekdoten über seine Erlebnisse im Feld enthalten. Von ihm stammt die These von der «akustischen Nische», die besagt, dass jedes Töne produzierende Tier eine eigene Frequenz im akustischen Spektrum nutzt, in einer Nische, analog zur ökologischen Nische. Anders als die meisten Forscher propagierte er diese These jahrelang in den Medien, ohne sie je getestet zu haben. Erst neuerdings arbeitet er gemeinsam mit Bioakustikern wie Almo Farina an der

Beantwortung der Frage, was diese These praktisch bedeuten könnte.[23] Sie hat durch die Presse breite Bekanntheit erlangt, und Krause möchte nun herausfinden, ob sie auch wissenschaftlich standhält – nicht eben das übliche Verfahren von Wissenschaftlern, die eine These formulieren, sie überprüfen und erst an die Öffentlichkeit gehen, wenn sie ihre These mit Daten untermauern können.

Wenn die Fondation Cartier eine ihrer halbjährlichen Ausstellungen ausrichtet, geht sie in der Regel aufs Ganze. Ihr Direktor, Herve Chandé, war beeindruckt, als er moderne kongolesische Gemälde fand, auf denen ganze Jam-Bands von Tieren zu sehen sind, die im Regenwald mit E-Gitarren, Verstärkern und großen Beschallungsanlagen losgrooven: Emus, Giraffen, Krokodile und Gorillas musizieren miteinander in einem surrealen Soca leuchtender Farben. Als Krauses Buch über Klanglandschaften auf Französisch erschien, war Chandé klar, dass die Zeit reif dafür war, eine Ausstellung zum Thema Klänge der Tierwelt, Kunst der Tierwelt, Tiere, Farbe und Klang in dem herrlichen, von Jean Nouvel entworfenen Bau im Quartier Montparnasse von Paris zu veranstalten. Große Künstler und Fotografen – Christian Sardet, Manau Miyazaki, Pierre Modo – haben Beiträge dafür geliefert, ich will mich aber auf die großartige Sound-und-Video-Installation konzentrieren, die die britische Gruppe United Visual Artists mit Bernie Krause entwickelt hat und hier unter dem Titel «Das große Orchester der Tiere» zeigt, eine Installation über drei Seiten eines dunklen Raums, über den sich im Uhrzeigersinn ein projiziertes Video bewegt (Tafel 7).

Es handelt sich um ein modifiziertes Sonogramm, das in Echtzeit erstellt wurde, und ab und zu hört man die Namen identifizierter Spezies in der Klanglandschaft. Die Installation dauert insgesamt fast achtzig Minuten und führt durch verschiedene Klanglandschaften, die Krause in den Jahrzehnten seiner Reisen auf der Suche nach Klängen auf der ganzen Welt aufgezeichnet hat. Auf der linken Seite befindet sich ein abstrakterer Bildschirm, auf dem horizontale Lichtlinien in Abhängigkeit von auftreffendem Schall stärker und schwächer leuchten. Es ist wie ein Sound-Visualizer eines traditionellen Bildschirmschoners, aber feiner differenziert und genauer. Auf dem Boden vor dem sich bewegenden Bild liegt eine spiegelnde Wasserlache, durch deren Oberfläche ab und zu eine feine Nadel sticht, woraufhin sich die Flüssigkeit in konzentrischen Kreisen bewegt. Krause glaubte, wie mir der Kurator erklärte, das geschehe nur in den beiden Momenten, in denen ein Ton das Wasser aufgrund seiner Frequenz und Stärke in Bewegung versetzen *könnte*. In Wirklichkeit bewegt der Ton das Wasser nicht, *könnte* es aber, weshalb der mögliche Effekt mit mechanischen Mitteln simuliert wird.

Die Botschaft von Bernie Krauses Tonaufnahmen ist unzweideutig. Hören Sie dem Wald zu, nachdem der Mensch ihn abgeholzt hat. Er ist nicht gesund, sein Klang ist flach und beschädigt. Die Klanglandschaft Wald ist nicht mehr komplex, sondern reduziert, vom Menschen geschmälert. Wo wir uns einmischen, nehmen wir einem Ort die Schönheit.

Doch wenn ich diese herrlichen Klanglandschaften höre, stellt sich mir die Frage, wie viel davon gefunden und wie viel komponiert ist. Krause gibt an, das Verhältnis sei von Mal zu Mal anders. Bei den Ozeanen beispielsweise hat er eine vollständige Klanglandschaft aus den schönsten Unterwassergeräuschen konstruiert, die es gibt, angefangen von Buckelwalen bis zu dem mit achtzehn Stacheln bewehrten Seeskorpion, die sich wie ein riesengroßer leiser Gong anhört. Unterlegt ist das Ganze mit dem beruhigenden Geräusch von Wellen, die an der Küste aufschlagen, was man unter Wasser nicht hören kann, wo Klänge merkwürdig gedämpft sind und man nicht weiß, woher sie kommen und wie weit entfernt ihre Quelle ist. Wir glauben, Unterwassergeräusche müssten dröhnen und voller Echos sein, sodass Sounddesigner den Effekt meist hinzufügen, um unseren Erwartungen zu entsprechen.

Wir glauben auch, dass Menschen, kaum haben sie einen Schritt in die Natur gesetzt, dort alles in Unordnung bringen, und so beginnt das große Narrativ vom Verlust. Und auch wenn das durchaus stimmen mag, kann man die Geschichte nicht nur auf diese eine Weise erzählen.

Mich zum Beispiel interessieren Klänge, die Erwartungen unterlaufen. Manche Menschen finden das Rauschen von Autos, die wie an einer Schnur aufgereiht auf einem nassen Highway vorüberfahren, beruhigend. Glattwale nähern sich dröhnenden Schiffen, denn sie mögen das Geräusch, obwohl ihre Fähigkeit zur Kommunikation über große Distanzen im Ozean durch den Lärm der Schiffe behindert wird, sogar so stark, dass es bereits zu gefährlichen Kollisionen gekommen ist.

Auf den besten im Freien entstandenen Aufnahmen von Naturklängen spürt man sofort eine bestimmte hohe Qualität. Mit großem Lob bedacht wurden beispielsweise die Aufnahmen des estnischen Rundfunkproduzenten und Zoologen Fred Jüssi, des David Attenborough seiner Nation, der die Ruhe und besondere Schönheit seines Landes über Jahrzehnte in Ton, Wort und Bild festgehalten hat. Seine kurzen Radio-Hörstücke über die estnische Vogelwelt, jedes nur wenige Minuten lang, wurden so gefeiert, dass öffentliche Busse, in denen während der vergangenen Sowjetzeit, als die Aufnahmen entstanden, ständig das Radio lief, rechts ranfuhren, den Motor ausschalteten und eine Pause einlegten, damit alle die herrlichen Tongeschichten hören konnten. War die Übertragung zu Ende, setzten sie ihre Fahrt fort.

Ich fragte Jüssi, inzwischen in seinen Achtzigern, was seine Tonaufnahmen so besonders mache. Das liege nicht so sehr an der verwendeten Technik, erfuhr ich (obwohl er ein Nagra benutzte, den besten tragbaren Feldrekorder seiner Zeit – selbstverständlich analog, ein Schweizer Erzeugnis), sondern daran, wie die Sendungen zustande kamen:

> Fünf Jahre sorgfältiges Zuhören ist das Minimum, bevor man der Öffentlichkeit etwas vorstellen kann. Als wir es dann taten, war es ein Gemeinschaftswerk – auch Toningenieure und Techniker haben sich unseren «täglichen Fang» angehört, ihn analysiert und bearbeitet. Jedes noch so kleine Detail ist von entscheidender Bedeutung: Lautstärke, Hintergrundgeräusche, Timbres, die Spezies … Neben der Spezies muss man auch einzelne Individuen und ihr jeweiliges Talent berücksichtigen, wenn man Aufnahmen beurteilt und eine Auswahl trifft.[24]

Jüssi verbrachte Jahre in der Natur und lauschte, bevor er den Entschluss fasste, der Welt zu zeigen, was er fand. Er verließ sich nie nur auf sein eigenes Urteil, sondern verstand Tonaufnahmen und Radio als Gemeinschaftsaufgabe. Für die beste Kunst, sagt er uns, benötigt man Zeit und Mitstreiter. Deshalb ist er nicht über alle Veröffentlichungen estnischer Naturklangaufzeichnungen begeistert:

> Man muss vorher klären, was man mit seinen Aufzeichnungen will. Ivar Vinkel, der von Saaremaa, hat sich für seine «Hour of the Nightingale» mit zwei Takes zufriedengegeben. Aus heiterem Himmel kam die CD in den Handel; nach gerade mal zwei Takes ist er sofort auf den Markt gegangen – Edvard Munch hat fünfundzwanzig Jahre an wenigen Motiven gearbeitet, dem Schrei, dem Kuss, Sie wissen, was ich meine.

> Wir haben uns seine und meine Aufnahmen, jeweils eine viertelstündige Auswahl, mit den Studenten der estnischen Kunstakademie angehört. Jemand sagte: Die eine macht einen nervös, die andere ruhig. Vinkel hat sich um nichts geschert und in der empfindlichen Nische der Naturklangaufnahmen gewildert, um Kasse zu machen.

Mag sein, dass Vinkel seine CD aus eigennützigen Motiven herausgebracht hat, zumal digitale Aufnahmegräte leichter zu bedienen und weniger störanfällig sind. Der Klang ist vielleicht nicht so fein und warm, oder das Niveau der aufgenommenen Vögel war verschieden. Ich habe im Freien zwar Hunderten gelauscht, aber nicht ununterbrochen fünf Jahre lang, wie es Jüssi zufolge nötig ist. Es ist zwanzig Jahre her, dass ich in Helsinki die ersten Vögel hörte, und ich erinnere mich noch heute, wie überrascht ich vom Klang der legendären Vögel Shakespeares und John Clares war, den die Dichtung niemals ganz zu beschreiben vermag.

Die Nachtigall – das Abwesende, der Ruf der Alten Welt, der in der Neuen Welt fehlt. Sie stellen unsere musikalischen Erwartungen in Frage. Befindet man sich neben einer, die versteckt in einem Berliner Gebüsch sitzt, ist der Gesang so laut, dass das Aufnahmegerät übersteuert, weil sie sich dazu entwickelt haben, dass man sie aus größter Entfernung hört. Bei meinen Aufzeichnungen bearbeite ich die Frequenzen mit einem Equalizer (üblicherweise nur kurz EQ genannt). Man muss die 2,8- und 3,4-kHz-Frequenzen herausnehmen – sie sind für das menschliche Gehör schlicht zu laut und schrill –, auch wenn ich weiß, dass sie den Nachtigallen angenehm in den Ohren klingen oder zumindest Neuronen in ihrem Gehirn anregen. Sie wissen, was sie wissen müssen, auf welche Töne es ankommt und auf welche nicht.

Jüssis Vogel scheint sich auf der gefeierten Aufnahme von links nach rechts zu bewegen, vermutlich eine Beigabe des von ihm zu Rate gezogenen Radiotechnikers. Mit den Kopfhörern wirkt es lebendig und echt, allerdings etwas gewollt. Mit gut platzierten Lautsprechern dürften die Klänge noch lebendiger wirken, eher wie die des Vogels und nicht wie einzelne Töne. Die technischen Details sind für den Zuhörer vermutlich unwichtig. Wer will das wissen, wenn er etwas so Schönes zu hören bekommt? Die Aufnahme ist eine Etappe auf dem Weg zum Ideal eines Klangs, der mehr sein kann als der Klang selbst. Bei Kardinälen, den erstaunlichsten Vögeln hier im Hudson Valley, hat man beobachtet, dass sie von künstlichen Versionen ihrer gesungenen Phrasen stärker beeindruckt waren als von den echten. Ofer Tchernichovski und ich konnten einmal im Labor ein Zebrafinkenweibchen in große Aufregung versetzen, als wir ihm neu abgemischte Versionen des Gesangs seines Partners vorspielten, und zwar viele Male und wesentlich schneller, als ein echter Vogel singen kann. Genau wie Menschen ziehen die Vögel manchmal Simulakren vor, die größer und «reiner» sind als das Leben selbst.

Vielleicht sollen die besten Aufnahmen genau das leisten: *nicht* die Klänge der natürlichen Welt dokumentieren, sondern die Natur mit den Mitteln der Kunst zur Vollendung führen. Vielleicht ist der alte Disput über die *techne*, den Aristoteles uns vor Tausenden von Jahren aufdrängte, die Wurzel der ganzen Hybris der westlichen Zivilisation. Wir wollen den am schönsten gestalteten Klang der Welt, nicht unbedingt den wahren. Kann die Menschheit so viel Realität schlicht nicht verkraften? Vermitteln Aufnahmen natürlicher Klangwelten die Wahrheit? Wir wollen eine Fotografie, die kreativ ist, aber nicht im Übermaß. Gigantische, glänzende hyperrealistische Bilder sollten uns genauso beunruhigen wie alle andere Lügen über unsere Umwelt.

Darüber denke ich nach, während ich heute Vormittag, am vielleicht ersten Herbsttag dieses ungewöhnlich warmen Jahres, das kurze Stück von meinem Haus zum Flussufer gehe. So schön hat das vor mir liegende Little Stony Point noch nie ausgesehen. Nebel liegt über der Bucht weiter im Norden, hinter dem Storm King Mountain, der nicht zurücktritt, sondern näher rückt, sehr ungewöhnlich für eine Landschaft am Morgen. Die Catskill Mountains in der Ferne sind nicht zu sehen, nicht einmal die Wasseroberfläche ist erkennbar, weil sie und die Wolken verschwimmen; es ist, als steige das Wasser aus eigener Kraft vom Hudson River in den Himmel auf. Ich will kein Foto davon machen, denn die Stimmung ist verblüffend, und lausche lieber nur.

Die ungewöhnliche Brise erzeugt kleine, stetige Wellen am Flussufer, wie Wellen auf einem kleinen See – hier ein äußerst seltenes Geräusch und der perfekte Grundrhythmus für alles andere, was an mein Ohr dringt. Der Wind fährt durch die Bäume und erzeugt ein Kommen und Gehen von Schwapptönen und geräuschvollem Pfeifen. Einmal stößt ein Blauhäher einen Schrei aus. Ich bemühe mich, die verschiedenen Elemente des Klangs herauszuhören, ihre Unterschiede zu verfolgen: rhythmische Wellen, ein enharmonischer Wind, Tiere, die ab und zu Laut geben und ihre Anwesenheit melden. Das hätte ich gern aufgenommen, mir anschließend angehört und überlegt, ob es etwas taugt.

Einige meiner Künstlerfreunde belachen meine Fixierung auf Gutes und Schlechtes, auf besser und weniger Gelungenes. In der Kunst, die mir über den Weg läuft, könnte vieles besser sein, brächten ihre Urheber mehr Interesse für den Unterschied zwischen besser und schlechter auf. Sie halten das für rückständiges binäres Denken aus dem vorigen Jahrhundert. Doch was bleibt sonst – das Populäre und das Unpopuläre? Der namhafte Künstler, den man nicht vergisst, oder der mit den berühmten Freunden? So wird man Menschen mit Schönem nicht berühren können.

Fred Jüssi spielte mir eine seiner Lieblingsaufnahmen vor, einen siebenundzwanzig Minuten langen Track, aufgezeichnet eines Morgens im Frühjahr 2005 im estnischen Rohuneeme an der Ostseeküste. «Alle, die sich diesen Track anhören, empfinden eine vollkommene Ruhe», berichtet er. «Niemand schaltet aus, bevor er zu Ende ist.» Ich empfinde es genauso: die sich überlagernden Winde, ab und zu ein Seevogel, Grillen im Schilf. «Und wissen Sie was?», sagt er lächelnd. «Wir hatten bloß sieben Minuten Audio. Die Tontechniker haben es so geschnitten und zusammengefügt, dass man beim Hören nichts Wiederkehrendes merkt.»

Jetzt lächle ich. Das Lieblingsstück dieses großen Audio-Dokumentaristen ist in Wirklichkeit eine Komposition, so sorgfältig gestaltet, dass sie nicht wie komponiert klingt, sondern wie ein echter Fund in der Natur. Gute Zuhörer wissen, wie man schöne Werke schafft, die besser klingen als das, was man in der realen Welt vorfindet. Ist das wahre Medienmacht?

Ich besuchte Lang Elliott, Amerikas wohl bedeutendsten Sammler von Naturklängen. Er ist einer der wenigen gründlichen Naturhörer mit hochentwickeltem Sinn für Ästhetik, und sein derzeitiges Interesse gilt der Frage, warum manche Aufnahmen besser klingen als andere, äußerst eindringlich sind und einen gesunden Seelenzustand befördern.

Elliott begann seine Laufbahn als Naturklangsammler während seiner Tätigkeit für das Cornell Laboratory of Ornithology. Mit einem Stipendium, das er von den National Library Services for the Blind and Physically Handicapped erhalten hatte, produzierte Elliott einen «Bird Song Tutor», der blinden Naturbegeisterten helfen soll, sich ihre natürliche Umgebung bildlich vorzustellen. Kurz danach verließ er die Cornell University und setzte sich zum Ziel, der Tradition von Arthur A. Allen und Peter Paul Kellogg, den beiden Gründern des Instituts, folgend, kommentierte Audioführer zu Vogel- und Froschgeräuschen zu produzieren.

Wie der Wanderer in *Zen und die Kunst, ein Motorrad zu warten* musste Elliott herausfinden, woran man Qualität erkennt. Nach fünfundzwanzig Jahren der Beschäftigung mit dieser Frage lautet seine so einfache wie klare Antwort: Besondere Qualität hat eine Aufnahme, die einen in das Geschehen *hineinversetzt*. Es ist der Klang, der einem in einer ungebärdigen Natur einen Platz gibt. Im Gegensatz zu anderen meint er nicht, dass solche Orte nur schwer zu finden sind, auch wenn Phasen wahrer Stille trügerisch und häufig kurz sind. «Unweit von da, wo wir leben, gibt es unberührte Natur, und wir finden eine relative Ruhe und Frieden, begünstigt auch dadurch, dass wir unwesentliche Hintergrundgeräusche ausfiltern, wenn wir uns in der Natur aufhalten. Vielleicht vergehen gar nicht mal so viele Minuten, bis wieder ein Auto vorüberfährt oder ein Flugzeug über uns hinwegfliegt, doch die Klänge der Natur sind gut zu empfangen. Wir müssen sie also möglichst störungsfrei aufnehmen und vorführen, damit noch mehr Leute lernen, dass man ihnen lauschen und sie schätzen muss.»

Elliott favorisiert eine modifizierte binaurale Aufnahmetechnik, das heißt, er bildet mit zwei in bestimmtem Abstand zueinander in einem Gehäuse montierten Mikrophonen nach, wie wir Menschen mit unseren symmetrischen Ohren die Welt hören. Viele, die Naturmusik aufnehmen, schwören auf Langs Vorrichtung, deren technische Bezeichnung SASS (Stereo Ambient Sampling System) lautet.

Die binaurale Tonaufnahme gibt es bereits seit Jahrzehnten, wurde jedoch nicht so ernst genommen, weil man Musik früher im Allgemeinen nicht mit Kopfhörern hörte. Jetzt tun das die meisten, es ist eine Hörmethode, deren Zeit vielleicht endlich gekommen ist. Elliott hat sein Equipment noch verbessert, indem er leistungsfähigere Mikrophone installierte, und ist viele Jahre mit seinem SASS-Gerät durch die amerikanische Wildnis gereist. Seine Aufnahmen klingen am besten, wenn man sie sich mit guten Kopfhörern anhört, die Technik lässt sich aber auch auf Stereo-Lautsprecher übertragen, wie er sagt:

> Ich nehme sehr gern binaural auf und genieße meine Aufnahmen später in meinem Studio oder zu Hause. Großartige Klanglandschaften aufzuzeichnen ist nicht so leicht, wie es scheinen mag. Wirklich gute Aufnahmen sind das Resultat von sorgfältiger Auswahl und einer Portion Glück. Wann und wo aufzeichnen? Bei welchen Witterungsbedingungen? Wo genau sollte das Mikrophon platziert werden? Wenn man die richtige Wahl trifft und die Macht mit einem ist, kann ein Meisterwerk entstehen.

Die Technik ist das eine, die Einstellung des Menschen an den Reglern das andere. Elliott strebt immer nach einem möglichst räumlichen, fesselnden Klang. «Ästhetik ist die Antwort», sagt Elliott, der gerade einen schweren Kampf mit seiner Erkrankung an Kehlkopfkrebs ausgefochten hat. «Meine Stimme hat sich erholt, ich bin wieder so weit, dass ich über diese Dinge sprechen kann. Ich werde Podcasts machen, ich will anderen vermitteln, was ich über das Hören in der Natur weiß.»

Das Hörvermögen eignet sich von allen Sinnen am besten dafür, den eigenen Platz in einem Raum zu bestimmen. Wir können die Ohren nicht verschließen, daher stellt Klang uns, analog zu der Art und Weise, wie wir mit dem Sehen Informationen aufnehmen, mitten in eine Welt. Trotzdem wissen wir über visuelle Abbildungen der Natur viel mehr zu sagen. Was macht ein gutes Landschaftsfoto aus? Ist es der richtige Bildausschnitt? Der ausgewogene Aufbau? Dem entspricht in der klanglichen Abbildung das Finden der richtigen Mikrophone, die richtige Mischung von Tönen in der Nähe und in der Ferne, aus dem Hintergrund und dem Vordergrund.

Es gibt eine Richtung in der Naturfotografie, bei der alles Form gewinnt und subtile Schönheit und technische Präzision zusammenkommen. Ein präzises Foto eines Adlers zu schießen, der einen Fisch fängt, gelang früher nur Profis und ist mit den für Endverbraucher verfügbaren Präzisionsobjektiven heute tausendfach möglich. Die Technik ist für viele zugänglich, doch das besagt wenig, wenn ihr Benutzer keinen Blick für Schönheit hat.

Ist das Aufnehmen oder Anhören von Naturklängen also im Prinzip wie Landschaftsfotografie? Letztere scheint manchmal leichter als andere fotografische Genres, weil die Natur fast immer gut aussieht. Etwas daran ist richtig, wie wir wissen, sie ist ein Allheilmittel für unser kompliziertes, von Menschen dominiertes Leben. Wir finden sie schön oder langweilig, je nach eigener Stimmung und Persönlichkeit. Die heute verfügbare Technik macht sie verblüffend, glänzend, zeigt sie mit einer Exaktheit von 4K, 8K, 27 Megapixeln. Man vergrößere das Bild, zeige es auf einem hochauflösenden Bildschirm, drucke es auf unzerstörbarem, glänzendem Metall oder verkleinere es auf die Größe eines Handybildschirms und verschicke es um die ganze Welt.

Was ist Qualität? Welches ist die beste Naturfotografie, welcher der beste Naturklang? Wir meinen, wir hätten bereits alles gesehen oder gehört, haben aber noch kaum etwas gesehen oder gehört, weil wir nicht wissen, worauf wir achten sollen. Manchmal beginnt Aufmerksamkeit mit einer Idee. Wie das ungewöhnliche Foto aus dem Yosemite National Park auf dem Umschlag des *National Geographic*, das in einem Bild Nacht und Tag zeigt. Der Fotograf will den Half Dome und das ganze Tal jeweils im besten Licht und Schatten zeigen und fügt zu diesem Zweck Hunderte Fotos ein und derselben Szene zusammen, von Mitternacht bis Sonnenuntergang, wie eine Zeitrafferaufnahme eines spektakulären Orts. Stephen Wilkes will mit seinem Foto veranschaulichen, wie die Zeit über eine Landschaft hinweggeht, in der sich nichts bewegt.[25] Es ist das visuelle Pendant zu einer einstündigen Aufzeichnung, mit der ein Tag im Regenwald akustisch abgebildet werden soll und die alle typischen Klänge enthält, vom Gewitterguss über den Cocqui und den schreienden Piha bis zum Jaguar, auch wenn man diese Geräusche nicht alle im Verlauf einer Stunde hören würde.

Die mediale Wiedergabe bleibt in Dauer, Intensität und Vielfalt jedoch immer hinter dem zurück, was man in der freien Natur tatsächlich vorfindet. Elliott würde sagen, das Werk muss einen spüren lassen, wie es ist, *draußen* zu sein. Ist es schön und gelungen, versetzt es einen in die Welt der Natur.

Kritiker spotten seit Jahrhunderten über diesen ehrenhaften Anspruch. Denken Sie an Diderot, der eine Ausstellung von Landschaftsgemälden Claude Joseph Vernets besprechen soll und in seinem berühmten Aufsatz über den Salon 1767 schreibt, er geht gar nicht erst in die Galerie, sondern reist lieber gleich aufs Land, in die Wälder, die die Bilder darzustellen vorgeben.[26] Natürlich ist es besser, dort zu sein! Vielleicht existiert unsere Landschaftsmalerei ja allein zu dem Zweck, uns die Überlegenheit der Natur über die Kunst ins Gedächtnis zu rufen. Wir sind alle Kinder der Künstlichkeit und können nicht in der Natur leben, wie eifrig wir es auch behaupten. Wir müssen daran erinnert werden, was groß an der Welt ist, aus der wir kamen.

Als John Muir einmal eine Künstlergruppe in die Tuolomne Meadows führt, wo sie die richtige Aussicht zum Malen, den perfekten Platz fürs Aufstellen ihrer Staffeleien zu finden hoffen, wird er der Bande so überdrüssig, dass er für ein paar Tage in die Landschaft verschwindet, die sie abmalen wollen. Er wird pitschnass, als er während eines tobenden Sturms einschläft, wird wieder trocken, von der Sonne eingehüllt, und steigt eilig den Berg hinab, erfrischt und lebendiger denn je. Als er unten auf die Künstler stößt, sind sie nervös-besorgt und fühlen sich unwohl, schwärmen aber von den wunderbaren Regenwolken, die sie auf die Leinwand bannen wollten. «Ich weiß», erwidert Muir lächelnd. «Ich war mittendrin.» Ein Gefühl, das er nie mehr vergessen sollte.

Die Natur kann man in der Kunst nicht darstellen. Deswegen ist *Grizzly Man* mein liebster Naturfilm. Darin beschäftigt sich Werner Herzog mit dem Fall von Timothy Treadwell, der von Bären besessen war und zuletzt von einem gefressen wurde. In all der Zeit, die Treadwell unter den Bären verbrachte, näherte er sich ihnen so weit, wie Herzog, der Meister der Filmkunst und der Philosoph des Abgrunds, es niemals tun würde. Doch der Film, den Treadwell gemacht hätte, wäre er am Leben geblieben, hätte außer ihm selbst niemandem gefallen. Er hat zwar unglaubliches Material auf Zelluloid gebannt, war aber kein Regisseur. Die Welt kann sich glücklich schätzen, dass Herzog dieses Materials habhaft wurde und einen perfekten Film daraus machte. Er zeigt den Gipfel der Torheit, wenn Menschen behaupten, sie wüssten etwas über die Welt der Tiere oder deren Weltwahrnehmung. Wir sind immer nur wir selbst.

In der bewegendsten Szene in *Grizzly Man* hört Herzog sich die letzte Tonaufnahme an, auf der festgehalten ist, wie der Grizzly Treadwell bei lebendigem Leib verspeist. Man sieht Herzogs ernste Miene, als er die schrecklichen Schreie hört, die für den Zuhörer stumm bleiben. «Niemand», spricht er von der Leinwand, «sollte dieses Band je zu hören bekommen. Es muss vernichtet werden.» Wenn die Natur so entsetzlich und gefährlich ist, wie wir befürchten, sollte der vollendete Schrecken nicht zu Unterhaltungszwecken wiederholt werden. In ihm liegt eine tiefere Wahrheit.

Jemand, der selbst Kunst machen will, kann die Kunst, die er bereits gesehen oder gehört hat, nicht vergessen. Wir sind immer nur so originell wie unsere Geschichte. Wer alles in sich aufnimmt, wird lernen, wo er als Menschentier seinen Platz in der Natur und als Künstler in der Welt der Kunst findet. Das gilt für Bilder ebenso wie für Klang.

Komponieren ist nur ein bisschen wie Malen, und Tonaufnahmen haben nur wenig Ähnlichkeit mit dem Filmemachen. Mit all diesen Medien Kunst hervorzubringen erfordert womöglich viele Jahre der Aufmerksamkeit und des Lernens, oder es erfordert ein gewisses Geschick oder Talent, das allerdings auch anerkannt werden muss. Lang Elliott merkte bereits früh, dass er die Fähigkeit besaß, zu erkennen, wann eine Aufnahme gut war. Sein Talent, stellte er fest, ließ ihn sein Feld tiefer durchdringen als das Bedürfnis danach, seine Fragen auf wissenschaftlichem Wege zu beantworten. Wie so viele große Naturliebhaber schloss er seine Dissertation nicht ab. Er hatte zu viel anderes zu tun.

Seit einem Unfall, den er in seiner Jugend erlitt, hört Elliott keine Töne mehr, deren Frequenz höher liegt als 3000 Hertz, was ungefähr dem oberen Frequenzbereich eines Klaviers entspricht. Vieles von dem, was Vögel und Insekten singen, entgeht ihm. Wie kriegt er aber dann so phantastische Aufnahmen hin? Vielleicht hat seine Behinderung ihn dazu angespornt, besonders gut zuzuhören. Er hat die erste technisch wirklich fortgeschrittene Hörhilfe für Vogelbeobachter entwickelt, den SongFinder, der höhere Frequenzen präzise in tiefere Bereiche verschiebt, damit Vogelfreunde mit nachlassendem Hörvermögen trotzdem verfolgen können, was sich in der Natur tut.[27] Nach jahrelanger Übung ist er in der Lage, seine Ausfälle zu kompensieren, und weiß, worauf es beim Hören ankommt. Als großer Komponist von Naturklangmusik hört er weltweit so vieles, dass er fundiert beurteilen kann, was sich festzuhalten lohnt.

Ein Klang ohne Kontext ist nur ein rohes, technisches Muster, ein Speziesname, den man in eine Liste einsortieren kann, oder ein Gesang, den man Namen beifügen kann, bei denen ein Mitspielen in Betracht kommt. So wird Schönes nicht entstehen. Ein perfektes Bild eines Vogels vor weißem Hintergrund mag für die Bestimmung der Art brauchbar sein, nicht aber für ein Verstehen des Lebens, so erzählt Elliott:

> Einmal, es hatte in der Nacht geregnet, nahm ich im Morgengrauen eine Einsiedlerdrossel auf, während noch Wasser von den Bäumen tropfte. Ein Objekt steht im Zentrum des Klangs, die singende Drossel, begleitet von zahllosen Tropfen … Tausenden und Abertausenden sich ständig verändernden Klangobjekten. Die Tropfen verteilen sich im Raum und bilden eine dreidimen-

> sionale Hülle oder einen Hintergrund, vor dem periodisch der strahlende Gesang der Drossel ertönt. Ich habe ihn in freier Natur gefunden, er ist echt. Hätte jemand das entworfen oder konstruiert, würde es mich kaltlassen.

«Die Schönheit der Einsiedlerdrossel zu erkennen ist das eine», sagt er und räuspert sich. Ich spüre, er wollte das schon seit längerem einmal loswerden, es hat aber niemand danach gefragt. Ich habe viel darüber gelesen und geschrieben, was andere über diesen melodischsten aller nordamerikanischen Vögel zu sagen hatten. Flötengleich, quirlig oder pentatonisch hin oder her, oder, wie T.S. Eliot in *The Waste Land* schrieb: «drip drop drip drop drop drop drop». Ich finde außergewöhnlich, dass die Melodien der Drossel nicht klingen wie die des Menschen, aber trotzdem Melodien sind. Im Unterschied zu vielem anderen in der Natur, das uns verschlossen bleibt, *verstehen* wir sie.

Elliot Lang möchte den Gesang des Vogels nicht analysieren; er möchte ihn ästhetisch ansprechend präsentieren. Er will den perfekten Rahmen, den Platz für das Lied der Drossel in der Natur finden. Ist der Vogel im Vordergrund, braucht er einen Hintergrund: «Wenn der Klang einen wirklich hineinversetzt, ist es fast wie der Moment in der Zen-Meditation, wenn die Reise zu deiner Geschichte wird. Manche meinen, je mehr man wisse, desto tiefer werde die Erfahrung, aber wenn man zu viel über einen Vogel oder ein anderes Klangobjekt weiß, kann einen das am tiefen Erleben eines Orts, einer natürlichen Umgebung hindern.»

Auf diesem ästhetischen Prinzip beruhen viele von Elliotts schönsten Naturklang-Aufnahmen: Baumgrillenrhythmen, dazwischen das sachte Geräusch von Wellen, die an die Küste des Lake Ontario schwappen; Grillenfrösche, unterlegt mit den Fressgeräuschen von Kiefernböcken in verfaulendem Holz. Auf Elliotts Aufnahmen gibt es häufig zwei sich überlagernde Hauptklänge, und er findet sogar auf den bei Tagesanbruch, in Momenten überwältigender Klangfülle im Hochfrühling entstandenen Choraufnahmen zu einer an Kammermusik gemahnenden Klarheit, in «Sommerfrösche» ebenso wie in vielen anderen seiner Naturklang-Arbeiten, die man auf seiner Webseite hören kann. Die Aufnahmen sind schlicht großartig in ihrer Klarheit und Präsenz.

Elliott entwirft die Naturklänge niemals im Studio, was eine legitime Art ist, aus Musik oder Naturklang, wie immer man es nennen will, Kunst zu machen. Er ist kein Purist, denn er setzt gelegentlich Rauschminderung, Entzerrer und andere avancierte Werkzeuge moderner Tonaufnahmetechnik ein. Sein wichtigstes Anliegen aber ist, in der Natur Momente von echter harmonischer Ausgewogenheit und Klarheit zu finden und dieses Material aus der Menge des Irrelevanten herauszulösen, das während stundenlanger Aufzeichnungen im Freien zwangsläufig angefallen ist. Ähnlich arbeitet ein Fotograf, der aus Tausenden von Bildern die besten heraussucht und als echte Momente aus der natürlichen Welt präsentiert.

Wir sind in unserer Umwelt tagtäglich vielfältigen akustischen Eindrücken ausgesetzt. Die meisten werden nie aufgezeichnet oder auch nur wahrgenommen, so wie all die Bäume, die in den Wäldern unserer vergessenen und nicht dokumentierten Welt umstürzen. Haben wir nicht längst genug Lieder von Einsiedlerdrosseln und Froschchören aufgenommen, um jedermanns Neugier zu befriedigen? Natürlich nicht. Es gibt wesentlich mehr phantastische Fotografen als phantastische Naturklangdokumentaristen, und trotzdem müssen wir weiter fotografieren, weil wir immer persönlichen Kontakt zum Schönen anstreben.

Tafel 1: Singende Sprosser-Nachtigall in Helsinki, Tullisaari Park.

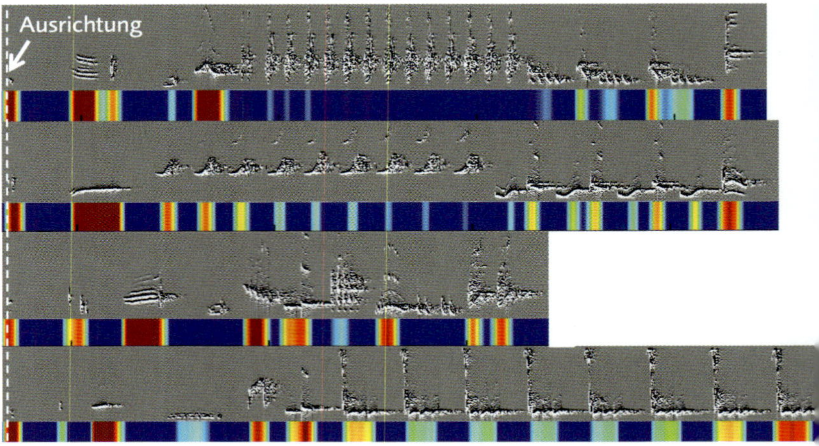

Tafel 2: Darstellung der kontinuierlichen Amplitude von vier Liedern, von Tina Roeske.

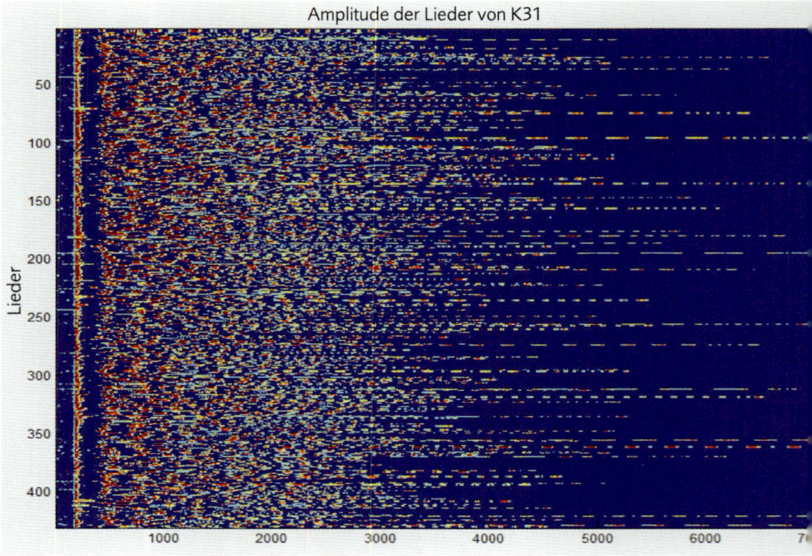

Tafel 3: Vierhundert von einer Nachtigall gesungene Phrasen in einem Bild, von Tina Roeske.

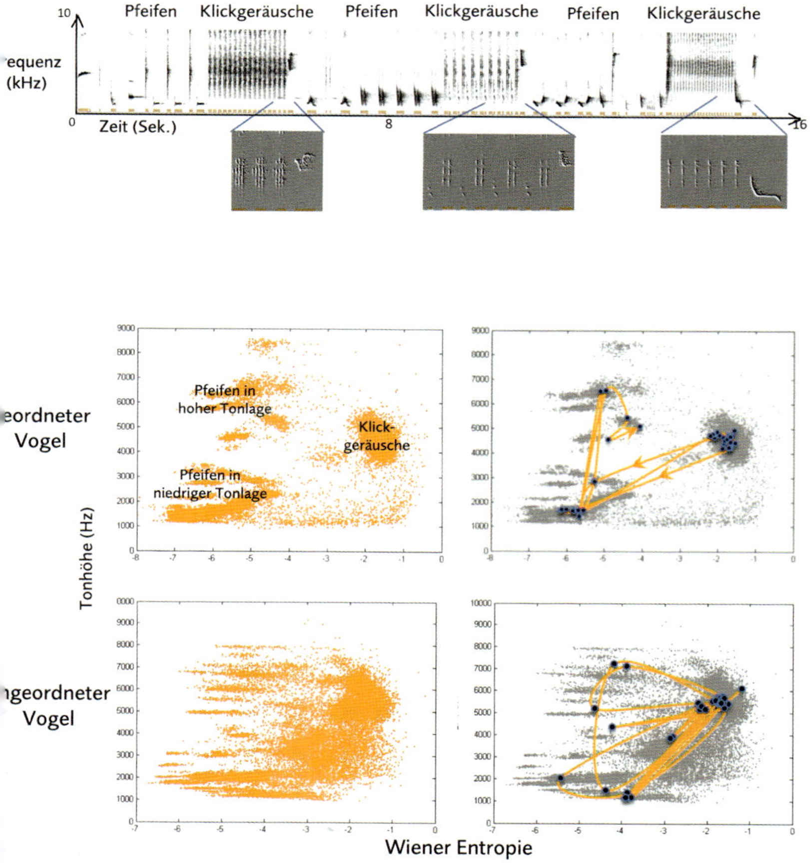

Tafel 4: Tonhöhe im Vergleich zur «Lärmigkeit» (Wiener Entropie) bei geordnet und ungeordnet singenden Vögeln.

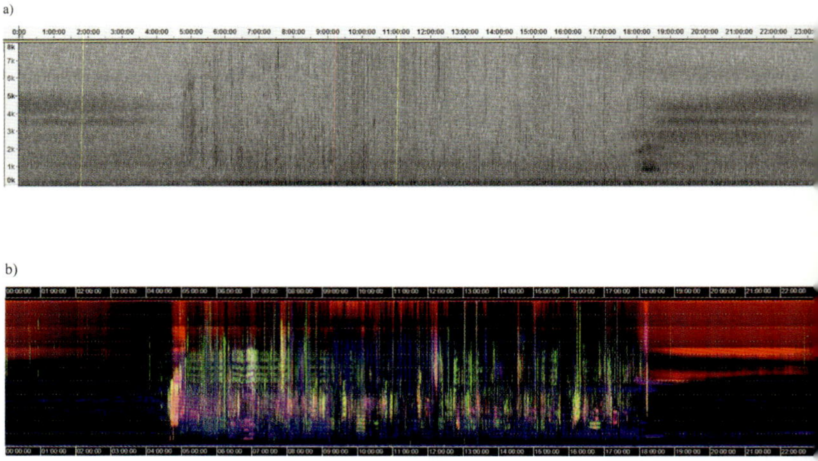

Tafel 5: 24 Stunden einer kompletten Klanglandschaft, kategorisiert, von Michael Towsey.

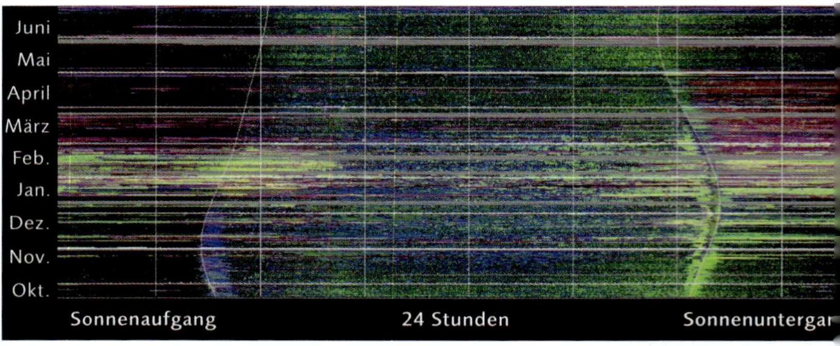

Tafel 6: Acht Monate einer einzelnen Klanglandschaft, in einem Bild kategorisiert, von Michael Towsey.

Tafel 7: Bernie Krauses Pariser Installation «Das große Orchester der Tiere».

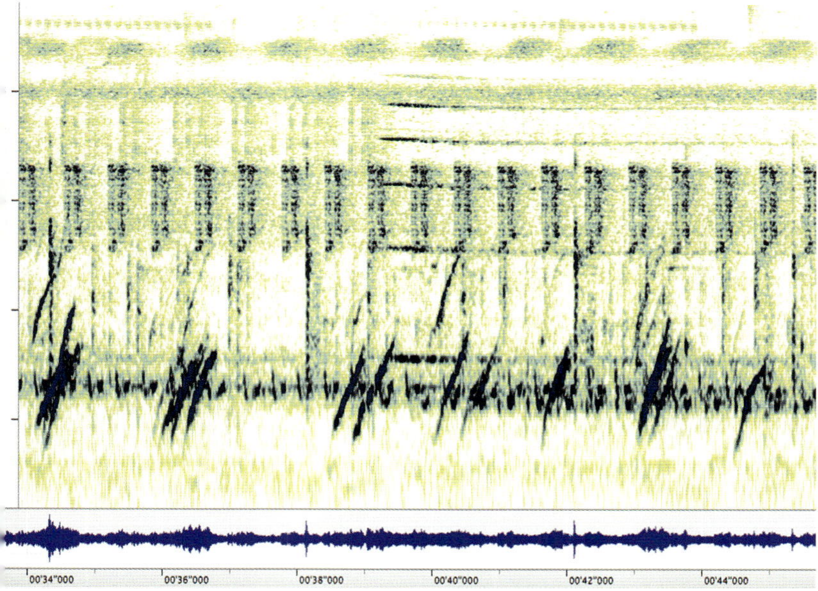

Tafel 8: Der schönste Naturklang der Welt?
Eine Klanglandschaft in Borneo.

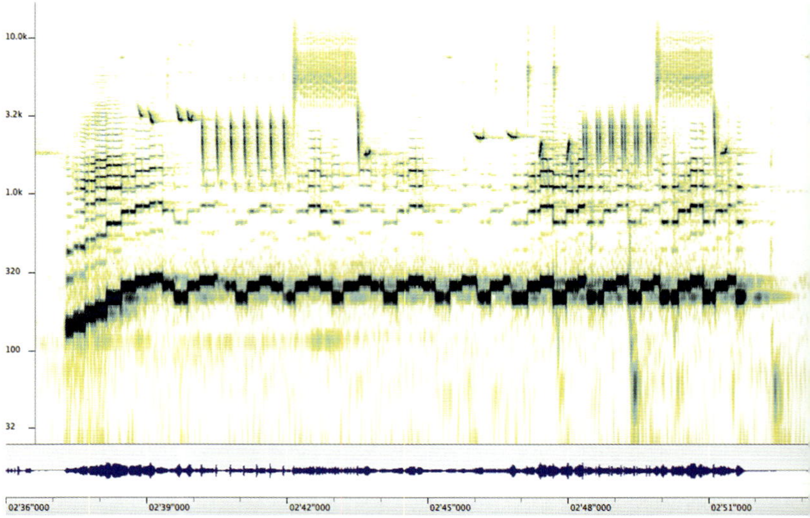

Tafel 9: «Sharawaji Blues», frühmorgens in Helsinki, Klarinette und Nachtigall.

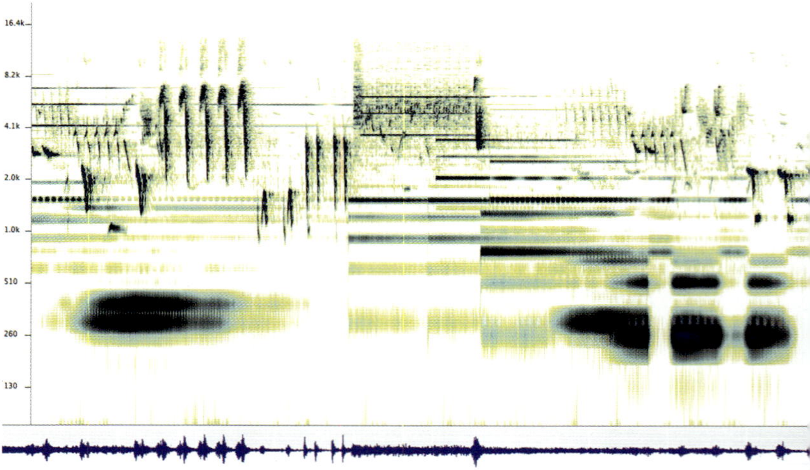

Tafel 10: «Fremde Schönheit», in der vierten Minute des Stücks, iPad und Nachtigall.

Tafel 11: Ein Buschrohrsänger.
Standfoto aus dem Dokumentarfilm *Nightingales in Berlin* von Ville Tanttu.

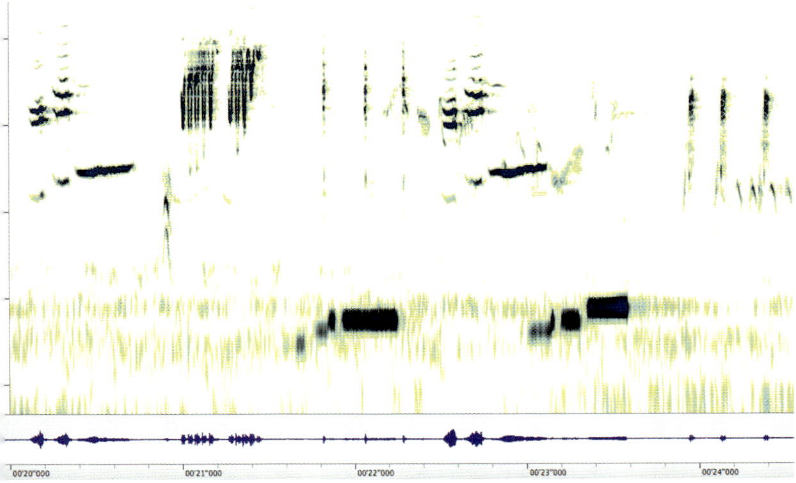

Tafel 12: Der Buschrohrsänger bringt mir eine Melodie bei.

Tafel 13: Singende Nachtigall im Volkspark Hasenheide.
Standfoto aus dem Dokumentarfilm *Nightingales in Berlin* von Ville Tanttu.

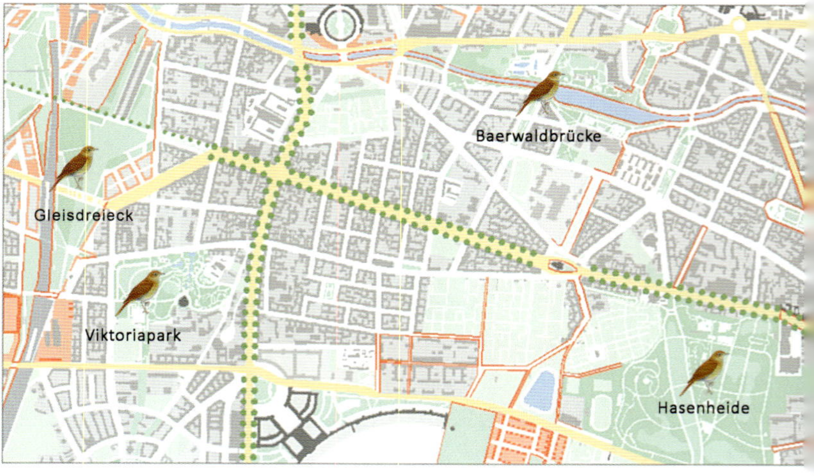

Tafel 14: Standorte der von uns gefundenen Vögel.

Bei aller Bescheidenheit sagt Elliott eines doch von sich: Er hat ein Talent dafür. Er hat es geschafft, schöne Klänge in der Natur aufzunehmen, auch wenn der Lernprozess lang war. Nach dem Ausscheiden an der Cornell University konzentrierte er sich zunächst auf saubere und klare Aufzeichnungen, die er mit einem parabolischen Reflektormikrophon erzielte, das den Gesang eines Vogels quasi aus dessen Umgebung herauslöst. Erst später ging er zu großräumigeren binauralen Aufnahmen über, die das Besondere einer Raum-Zeit-Konstellation erfassen. Ohne Zweifel ist Elliott, genau wie Fred Jüssi, ein Künstler in einem Medium, das er zu seinem eigenen gemacht hat.

Was es heißt, eines gutes Ohr für die Natur zu haben, ist schwer zu erklären. Es heißt nicht, dass man mehr Fakten sammelt oder mehr Zahlen aufschreibt. Ein gutes Ohr für die Natur zu haben heißt vielmehr, zu spüren, wann eine Konfluenz von Klängen schön ist, und diese Momente so abzubilden, dass man sie seinen Mitmenschen, die nicht das Glück hatten, selbst dabei zu sein, präsentieren und ihnen die rare Schönheit vorführen kann, die uns, bisher noch unbemerkt, überall umgibt.

Noch der banalste Moment kann ein schönes Bild ergeben. Dasselbe gilt für die Aufzeichnung von Naturklängen. Die unberührte Natur ist immer ein tolles Sujet für die Fotografie oder Sonographie, sie kann aber auch ein *zu* bequemes sein. Das richtige Bild, den richtigen Klang erwischt der, der das Auge oder das Ohr für das Packende und Bedeutsame hat und dann die geeignete Technik verwendet. Kameras und Aufzeichnungsgeräte sind inzwischen so gut, dass jeder von uns den Versuch wagen kann. Üben Sie einfach das Zuhören und Hinschauen. Jüssi empfiehlt, fünf Jahre zu üben, bevor man an die Öffentlichkeit geht. Das ist nobel und bescheiden, wo doch sogar der *National Geographic* weiß, dass seinen Lesern manchmal durch Zufall ein besseres Foto gelingt als seinen Profis nach stundenlangem gezieltem Suchen und Warten. Mit unserem Wunsch, das Getöse der Welt zu bannen, können und schaffen wir das.

Über Ästhetik zu sprechen und zu schreiben ist nie einfach, doch daraus folgt nicht, dass wir es lassen sollten. Wir *müssen* es tun, wenn das Mittelmaß der ubiquitären Medien uns nicht zufriedenstellt. Lassen Sie das Langweilige links liegen, seien Sie aufgeschlossen für das Ungewöhnliche. Schulen Sie Ihr Gespür dafür, wo und wann es geschehen kann.

Manchmal tappt Elliott in dieselbe Falle, wenn er erklärt, warum seine Aufnahmen so gut klingen. Sie wirken entspannend und beruhigend, helfen beim Einschlafen. Jetzt will er «medizinische Klänge» entwickeln, die unser Wohlgefühl und unsere Leistungsfähigkeit steigern sollen. Das brauchte er nicht. Mit guter Musik fühlt man sich schon jetzt lebendiger, und kommt sie aus der Natur, vertieft sie die Liebe zur Welt der Natur, stärkt das Gefühl der Verbundenheit mit dem Universum, enthebt einen der Einsamkeit des Ichs. Sie benötigt keine Rechtfertigung durch einen praktischen Zweck, obwohl ich mit der Ansicht vielleicht zu einer wachsenden Minderheit gehöre in einer Zeit, in der jede Minute des Tages dem praktischen Ziel dienen muss, noch besser, noch schneller und noch stärker zu werden. Nicht für mich. Ich möchte mich bloß von Schönem überraschen lassen und anderen vermitteln, dass man dafür Zeit und Aufmerksamkeit aufwenden, den praktischen, an einem willkürlichen Ideal von Erfolg ausgerichteten Zielen den Rücken kehren muss. Verbringen Sie Zeit in der tönenden Natur, die uns umgibt. Hören Sie genau hin und schenken Sie ihr noch mehr Liebe.

6 DER SCHÖNSTE NATURKLANG DER WELT?

Vor ein paar Jahren kam jemand auf die Idee, einen Wettbewerb zu veranstalten, bei dem der schönste Klang auf der Welt gesucht werden sollte. Ein wohl unsinniger Aufruf, aber Ratings von allem Möglichen sind sehr populär. Ich sehe förmlich vor mir, wie John Cage als Mitglied der Jury sagt: «Wie sollen wir das entscheiden? Kein Ton ist wichtiger als alle anderen.» Mit der nötigen Ruhe können wir in allem, worauf wir unsere Aufmerksamkeit richten, das Schöne hören. Töne sind Töne. Nach der Lehre des Zen ändert sich nie etwas, vielleicht aber brennen uns die Ohren mehr, und unsere Körper schweben knapp über dem Boden.

Interessant ist nun allerdings, dass eine Aufnahme aus dem Urwald irgendwo auf Borneo, von Marc Anderson aus Sydney gemacht, zum Sieger gekürt wurde. Dieses Beispiel für Naturmusik klingt wie ein in sich geschlossenes Musikstück, es hat Rhythmus, Struktur, verschiedene Instrumente an verschiedenen Stellen, setzt weder abrupt ein, noch endet es so, sondern wirkt wie eine widerhallende *Mitte*, wie ein dynamisch bewegtes Gefüge, in dem jeder Ton einen Sinn hat und Teil einer ausgewogenen Ordnung ist. Der Aufbau des Ganzen wird sichtbar, wenn man ein Sonogramm ausdruckt (siehe Tafel 8 im Bildteil), und es ist beeindruckend, dass die verschiedenen Spezies – Frösche, Insekten und vielleicht ein klagender Vogel – alle ihre jeweiligen Tonfrequenzen haben, ein Beweis für Bernie Krauses «Nischenhypothese», nach der jedes Tier im dichten Geflecht des Ganzen seinen Platz hat.

Diese Sonogramme – auf Computern oder Handys mit Software wie AmadeusPro, Sonogram, Sonic Visualizer, Raven oder Sound Analysis Pro leicht zu erzeugen – stellen Frequenzen auf der Zeitschiene dar und helfen uns, die Strukturen oder das Gewirr in komplexen Klangproben, ob natürlich oder nicht, zu erkennen. Ich habe Ihnen Sonogramme hingeworfen, ohne genau zu erklären, wie man sie lesen muss, auf intuitives Herangehen statt auf systematische Erläuterung gesetzt. (Ich verwende Amadeus, weil es die ästhetisch ansprechendsten Ergebnisse liefert, wenn ein leises Ziepen etwa hochinteressante Aspekte eines Klangs anzeigt, den wir manchmal gar nicht hören.) Zumindest so viel: Eine horizontale Linie ist ein einzelner gehaltener Ton, wie ein klarer Ton auf einer Flöte oder das Pfeifen einer Nachtigall. Eine vertikale Linie steht für einen geschnalzten oder geschlagenen Laut. Parallele horizontale Linien, gerade oder geschwungen, verweisen auf Harmonien oder Klänge mit reichem Ton wie bei einem Streichinstrument oder Nebelhorn. Verschwommene, laute, komplexe oder schöne Bilder bezeichnen Klänge, die schwer zu beschreiben sind, etwa das Sirren einer Zikade oder das sexy Flöten einer Nachtigall.

Mir gefällt, dass durch das Sonogramm Rhythmus, Schreie, der Zug der Wolken und der eine Klagelaut deutlich werden. Man kann nachvollziehen, warum manche diesen für den schönsten Naturklang der Welt halten. Er ist eine Synthese aus vielen Klängen, das Fragment einer Umweltsymphonie. Verblüffenderweise bietet die Natur uns diese Musik dar, für deren Zustandekommen niemand verantwortlich ist.

Die Aufnahme ist eine ökologische Schönheit, und ich verstehe, warum alle dafür votiert haben. Die Stimme der Öffentlichkeit kann nicht weggewischt werden, und die Wahl des Allerschönsten ist im Grunde ja ein Popularitätstest. Aber

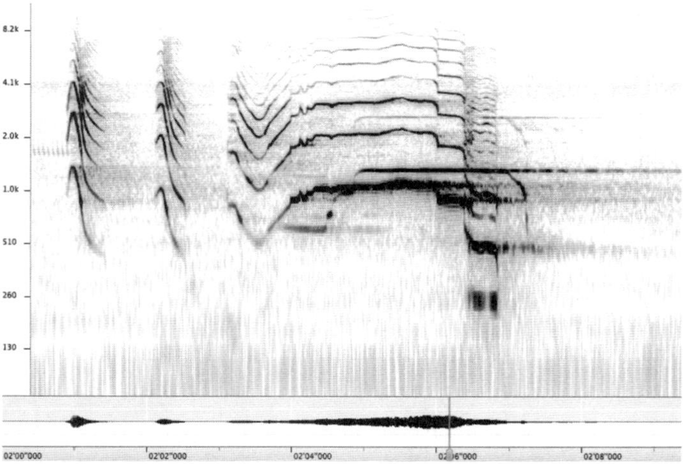

Abb. 7: Schreiender Elch in Pennsylvania, aufgenommen von Lang Elliott.

ist diese Aufnahme wirklich schöner als das phantastische Röhren einer Elchherde bei herbstlicher Wärme? Auf Elliotts großartiger Aufnahme, erstaunlicherweise aus Pennsylvania, wo es nur ein Schutzgebiet für Elche gibt, hören wir Solisten heraus, die um Aufmerksamkeit wetteifern, eine aus der Welt der Säugetiere stammende Entsprechung zum Wechsel zwischen Vorstoß und Parade in einem Park voller Nachtigallen. In Abbildung 7 sieht man, wie sich das etwa zu Beginn der dritten Minute darstellt.

Die wunderbar beschwingten Harmonien, die an- und abschwellenden Schreie, die sich mit temperierter Notation kaum wiedergeben lassen; die sich überschneidenden einzelnen Rufe voller Leidenschaft und Tiefe: An solche Schönheit reicht ein Schwarm winziger Insekten ja wohl nicht heran? Ein Vergleich ist natürlich so gut wie unmöglich. Bei Elliotts Elch-Aufnahme teilt sich das Meisterliche der Arbeit sofort mit, das perfekt ausgewählte Stück Natur auf Andersons Sieger-CD wiederum ist fabelhaft komponiert.

Die Schönheit des Einzelnen, die Schönheit des Ganzen. Solomusiker, Duett, Symphonie oder Band. Das Herausragende eines Individuums oder die Verwobenheit des Ganzen: Es sind zwei verschiedene Möglichkeiten, der Musik der Natur eine Form zu geben; beide sind es wert, aufgespürt und aufgezeichnet zu werden, damit wir alle uns beim Hören zur Quelle versetzen lassen können.

Das Hineinversetzen ist für Elliott das Entscheidende: ein Klang, bei dem man glaubt, am Ort seiner Entstehung zu sein. Es geht ihm dabei nicht um ein Ethos, einen Kommentar zum Zustand des Planeten oder um die Klage über den Drang des Menschen, solche Momente zu zerstören, sondern einzig und allein um die erstaunliche Fähigkeit von Klängen, uns das Gefühl zu vermitteln, wir seien woanders, sei es weit entfernt oder direkt in unserer Umgebung, ohne dass wir es aber bemerken:

> Es gibt verschiedene Arten von Aufnahmen. Nahaufnahmen bestimmter Spezies, sehr laut und sauber; sie sind eindrucksvoll, man wird ihrer beim Zuhören aber schnell überdrüssig. *Heilsam* ist daran nicht viel, man stellt sie bald leiser oder schaltet ganz aus. Andere Aufnahmen wiederum werden als ökologisch angepriesen, auf ihnen geschieht aber so viel, dass sie wie ein kakophones Sperrfeuer, ja sogar verstörend wirken. Am liebsten ist mir eine dritte Kategorie, auf der man nur wenige, mit Geschmack ausgewählte Elemente vorfindet, ohne Misstöne, die das Ohr überlisten. Sie sind durchaus fesselnd, aber nicht auf die übliche Weise, sondern bieten etwas, worin man eintauchen kann. Sie sind Zen-artig und heilsam. Bestimmt haben meine Zen-Übungen auch meine Aufnahmepraxis beeinflusst.

Ganz gleich, ob Sie es schon erlebt haben oder sich absolut nicht vorstellen können: Klang kann einen förmlich in sich hineinziehen. Elliott möchte uns in den Klang hineinversetzen; Krause geht es um Schuldgefühle. Gordon Hempton will Angst vor dem Verlust möglicher Stille. Sein Projekt «One Square Inch of Silence» ist wegen der Örtlichkeit, die er sich dafür ausgesucht hat, besonders ergreifend. Hempton hat viele Jahre auf der Olympic-Halbinsel im Nordwesten von Washington gelebt und ist, obwohl er auf seiner Suche nach schönen und reinen Klängen schon die ganze Welt bereist hat, stolz auf diesen heimatlichen Flecken, abgeschieden im Regenwald von Hoh, einem von nur zwölf Orten in den Vereinigten Staaten, wie er sagt, wo man bis zu fünfzehn Minuten lang eine von menschengemachten Geräuschen unbeeinträchtigte Natur hören kann. So weit ist der Lärm schon überallhin vorgedrungen.

Wir Menschen haben den Lärm jedoch ebenso gesucht wie beklagt. Vielleicht sind wir nicht die einzige Spezies, die auf Krach aus ist. Am Rand des Botanischen Gartens in Brooklyn hörte ich zu meinem Erstaunen einmal eine in ihr Solo vertiefte Spottdrossel, deren Gesang das Getöse der Umgebung übertönte und zugleich wie ein Duett damit klang. In diesem durchgeplanten schmalen Dreieck mit Straßen an allen Seiten, unter der vielbefahrenen Zufahrt zum Kennedy Airport hat Stille keine Chance. Ein Labor für Lärmforschung! Der Lärm weiter oben, gegen den sich der Sänger behaupten muss, ist gewaltig. Aber der Vogel *schafft es*, seine Töne sind so kräftig, dass er ihm vielleicht gar nichts ausmacht. Oder er hat sein Lied der Situation angepasst. Tatsächlich zeigen zahllose Studien, dass Stadtvögel höher, lauter und sogar schneller singen und sich so in einer vom menschlichen Lärm verstopften Umwelt Gehör verschaffen.[28] Vögel geben nicht auf,

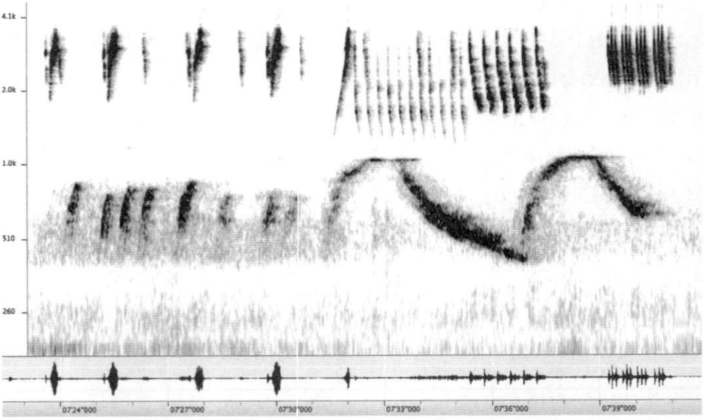

Abb. 8: Duett von Spottdrossel und Polizeisirene.

sondern passen sich an. Noch im verwirrendsten Dröhnen und Brummen finden sie Mittel und Wege und setzen sich durch. Brooklyn, Brooklyn, lass mich rein. Sosehr wir Lärm auch fürchten, wir können damit arbeiten. Sogar die Spottdrossel scheint das zu tun. In Abbildung 8 singt sie im Duett mit einer Polizeisirene.

Schwer zu sagen, wer hier wen nachahmt. Wer sollte empört sein, wer bestimmt das Spiel? Spottdrosseln nutzen nur einen Teil ihrer Umgebungsgeräusche. Ein feines inneres Organ für Ästhetik hilft ihnen bei der Entscheidung. Sie singen, um ihr Revier zu verteidigen und andere anzulocken, aber auch, um sich selbst treu zu bleiben und in dem Getümmel kenntlich zu sein und gehört zu werden. Sie fliehen nicht in die Wildnis, sondern richten sich bei uns häuslich ein. Die Erde erwärmt sich, sie ziehen immer weiter nach Norden und singen ihr Lied, während das Klima sich wandelt …

Ich vertraue auf den Vorteil des Unabsichtlichen, der nicht immer das ist, was wir erwarten. Darum horche ich überall auf den *Buri*-Ton. Unvermutetes, überraschende Eigenarten bringen uns voran. Die besten Jazzmusiker sind für mich die, die man nicht nachahmen kann und die in keinem Raster aufgehen. Nicht die enzyklopädischen Parkers oder Coltranes, sondern die rätselhaften *Buri*-Charaktere: Thelonius Monk, Ornette Coleman oder, noch besser, Dewey Redman, Charlie Haden oder Wayne Shorter – die *Meister*, die es *hatten*, das Verstörende, das sich nicht messen und nicht namhaft machen lässt. Bei ihnen findet man keine Methode, nichts Stures, keine wiederholbaren Ergebnisse, keine absolute Selbstsicherheit und bestimmt nichts Wahrscheinliches. Kurzum: Kunst, nicht Wissenschaft.

Auch das stets Vorhersehbare beeindruckt mich nicht; die Nachtigall benötigt nur den einen Ton, der aus der Reihe fällt, um uns zu überraschen. Shelleys Holzfäller wollte die Nachtigall verstören, dabei ist es die Nachtigall, die uns verstört mit einem Gesang, der immer wieder mit Überraschendem aufwartet. Die Revolution wird nicht leichtgemacht. Lang singe der Vogel! Er bleibt ein wunderschönes Rätsel, sein Gesang schwer zu beschreiben, immer unerreichbar und doch unserer Musik so nahe, dass wir immer danach suchen werden.

Auch Goethe meldete sich bei dem Thema zu Wort. In den *Wahlverwandtschaften* heißt es: «In manchen Tönen ist die Nachtigall noch Vogel, dann steigt sie über ihre Klasse hinüber und scheint jedem Gefiederten andeuten zu wollen, was eigentlich singen heiße.» Wahlverwandt ist jemand, in dessen Bann wir uns aus freien Stücken begeben, denke ich mir, da dieses herrliche Buch von Liebe handelt. Oder beschreibt die Metapher nur eine chemische Reaktion, und wir entscheiden uns gar nicht für den Vogel, den wir lieben werden? Ohne

Liebe ist das Leben nur ein Schatten seiner selbst. Noch einmal Goethe:

> Ein Leben ohne Liebe, ohne die Nähe des Geliebten, ist nur eine comédie à tiroir, ein schlechtes Schubladenstück. Man schiebt eine nach der anderen heraus und wieder hinein und eilt zur Folgenden. Alles, was auch Gutes und Bedeutendes vorkommt, hängt nur kümmerlich zusammen. Man muss überall von vorn anfangen und möchte überall enden.

Ich glaube nicht, dass er von etwas spricht, das wie PowerPoint-Folien dazu verdammt ist, sich endlos zu wiederholen. Vogelgesänge sind niemals nur Daten, die man unbegrenzt oft neu analysieren kann. Es sind Töne, ebenso wesentlich wie schön, die stets gesungen werden müssen.

Die Brooklyner Spottdrossel singt am helllichten Tage unverdrossen weiter in dem Getöse. Nichts scheint den Vogel davon abzuhalten; er ist ein zäher Bursche, hat allerdings doch seine Grenzen. Nach einer guten Stunde gibt er sich zuletzt dem Dröhnen eines Hubschraubers geschlagen. Das große Flügeltier beginnt seinen gewaltigen Gesang mit ein paar rhythmischen Hüpfern und unterlegt den ewig spottenden Vogel mit einem gleichmäßigen Beat.

Nachtigallen gibt es in Brooklyn nicht. Kein amerikanischer Vogel kommt der Nachtigall gleich, die einem keck ins Gesicht singt und es mit plötzlich ertönenden seltsamen Geräuschen aufnimmt. Nachtigallen übertreffen auch den Tumult ihrer Umgebung, und im Treptower geht es deutlich ruhiger zu als im Prospect Park. Das Rumoren können Autos sein, die auf den Alleen vorbeizischen, oder das aus vielen Kehlen dringende Gepiepe im Morgengrauen, das die Nachtvögel verstummen lässt. Nachtigallen agieren in einer Welt, in der sich das Individuum über die Umgebungsgeräusche erheben muss. Deshalb sind sie für menschliche Solomusiker so anziehend. Vielleicht kann eine Umwelt ihren Klang erst ganz entfalten, wenn unser individueller Ton in der Klanglandschaft aufgeht.

Der schönste Klang ist der, der einen zum Weinen oder Seufzen bringt über die Welt, die warm und einladend ist, eine Unschuld und Richtigkeit hat, in der unsere Sorgen und Zweifel verschwinden. Auch die Verschmelzung des Gesangs eines Vogels mit Menschenlärm hat das Zeug zum Sharawaji. Bei der herrlichen Naturmusik von Borneo denke ich unwillkürlich immer wieder an eine elektronische Komposition. Sie hat Stil und Harmonie, Rhythmus und Form, blieb mir noch über Stunden im Gedächtnis. Ich frage mich, ob ich das Stück als Hintergrundmusik oder Anregung für irgendetwas verwenden könnte, aber ich kann nichts hinzugeben. So wie es ist, klingt es vollständig. Ab und zu höre ich sogar einen reinen Ton auf der Tonstufe von 750 Hz (F#5), der klingt, als sei schon ein Saxophon beigemischt.

Ich bin nie überrascht, wenn ich in der Natur etwas höre, was wie Musik klingt, und bin ständig auf der Suche nach solchen Klanglandschaften, in die ich noch Uneingeweihte locken und ihnen nahebringen kann, dass das kein Hirngespinst ist. Anfangs tat ich den Gedanken eines Wettbewerbs höhnisch ab, doch als ich diese Klangaufnahme hörte, war ich fasziniert … sie könnten recht haben. Vielleicht *ist* es der schönste Klang der Welt, zumindest die musikalisch wildeste Klanglandschaft. Es klingt wie eine Waldkomposition, in Anlage und Ausführung vollkommen. Kein Wunder, dass das Musikstück in der graphischen Abbildung, dem Sonogramm, das mein Rechner mühelos ausspuckt, wie planvoll gebaut aussieht. Wer sagt, dass Tiere sich nicht einem Beat synchronisieren können? Diese in sich bereits vielstimmige Armada erzeugt einen Dschungelbeat, noch fließender und lebendiger, als Menschen es vermögen. Doch wir können uns einhören, und mit der Zeit bringt die Musik uns auf Touren. Dieses Wochenende werde ich einen Teil dieses schönen Stücks nehmen und als Background für eine Performance verwenden, die für Samstag geplant ist. Solche Performances mache ich alle paar Wochen – schon seit Jahren. Ich habe allmählich den Eindruck, als wären sie immer gleich und als wäre auch ich ein Singvogel, der nur ein Lied kann, seine eine Nummer, die er bei Bedarf in einer Tour wiederholt.

Das hat mir eine Zeitlang Unbehagen bereitet, doch ich schöpfte neuen Mut, als ich las, Karlheinz Stockhausen habe gesagt, Komponisten brauchten keine Einzelwerke, nur ein großes *Lebenswerk*, das sich erst mit ihrem Tod vollendet. Bei mir selbst verhält es sich wohl ähnlich. Es sind nur wenige, die meine Musik hören, warum also nicht immer wieder dasselbe Konzert spielen? Die Weltstars der Musik tun nichts anderes, weil das Publikum im Grunde nur ihre größten Hits hören will. Wie viel muss jeder von uns gearbeitet haben, um sich als versierter Musiker zu fühlen? Vielleicht verfolgte ich nur ein Ziel: den wunderbaren Klängen der Welt zu lauschen und sie zu würdigen. Herausfinden, worin mein eigener Beitrag bestehen kann. Sonst gibt es kein Grund zu musizieren, denn die Welt ist auch ohne uns schön.

Vielleicht will ich das Gleiche, wenn ich anbiete, meine Musik als ökologisch zu betrachten: Verlange nicht von der Natur, dass sie den von dir vorgegebenen Rhythmen folgt wie ein großer weißer Papagei, der zu den Backstreet Boys hüpft[29], sondern folge dem wabernden Rhythmus in diesem merkwürdigen amphibischen Wirbelwind. Du wirst dabei selbst wachsen und die Welt da draußen mehr lieben als zuvor.

Hätte Messiaen auch gesagt, dass das Fröschefestival in Borneo der schönste Klang auf der Welt ist? Unwahrscheinlich, denn er bevorzugte einzelne Vogelvirtuosen mit ihren übermenschlichen Hüpfern und Sprüngen. Bartók, das weiß ich, hätte es geliebt, beruht seine Suite *Im Freien* doch auf dem nächtlichen Schreien und Zirpen von Insekten und anderen rätselhaften Tieren der Nacht. Würde er, lebte er heute, die unsichtbaren Schreihälse als Musiker aus eigenem Recht anerkennen? Ich bin mir sicher, denn lebende Komponisten sind es gewohnt, unablässig mit der Schönheit aller erreichbaren Klänge zu experimentieren.

Manche sind beeindruckt, wenn Maschinen automatisch Musik machen, die uns zu dem Glauben verleiten könnte, hier sei eine musikalische Intelligenz am Werk. Mich beeindruckt mehr, wenn Musik aus der Natur kommt, die keinen Schöpfer kennt, der akustische Werkzeuge nach seinem Bilde schafft. Die Klänge haben sich einfach entwickelt und finden ihren Platz, und alle Tiere ihrer Umwelt können ihre Schönheit hören und nutzen.

Muster bilden sich heraus; Symmetrien erweitern sich zu Asymmetrien und weisen eine Vollkommenheit auf, die sich in Millionen von Jahren ständigen Wandels entwickelt hat. Solche Klänge haben eine Stimmigkeit, die der Mensch in seiner Hybris niemals zu erreichen hoffen kann. Und trotzdem möchte ich immer dazu spielen. Naturfreunde wie Skeptiker mahnen mich gelegentlich, ich hätte dort nichts zu suchen. Vielleicht hat *niemand* dort etwas zu suchen. Der schönste Klang ist bereits vollkommen, er bedarf keiner Mittelsmänner. Und doch wollen wir Mittelsmänner von unserer Verbundenheit mit der Natur und von der Ökologisierung der Kunst profitieren. Wenn wir mit unseren Möglichkeiten des Ausdrucks Naturklänge hervorbringen, wollen wir mehr Wirklichkeit gewinnen, der Erde näher sein, ganz gleich, wie groß der Beitrag ist, den die Technik dabei leistet. Eine Shakuhachi oder ein Laptop, beide Instrumente können den Klang von Hirschen hörbar machen, die einander nachts rufen. Welchen man für realer hält, hängt davon ab, was für eine Realität man anstrebt, entweder den direkten Einfluss von Atem und Luft auf den Klang oder die unmittelbare Abbildung des tatsächlichen Geräuschs. Ausnahmslos alle Klänge können als Musik betrachtet werden.

«Ich würde von mir nicht behaupten, dass ich ein guter Zuhörer bin», sagte Gordon Hempton, der Sound Tracker und ein weiterer großartiger Sammler von Naturmusik. «Die Einbildung, ich wäre ein guter Zuhörer, hat mich daran gehindert, einer zu sein.»[30] Seine lebenslange Suche nach Stille fasziniert mich. Er sucht die innere Stille, mit der wir, wie er sagt, dem Leben und dem Guten, das wir in uns tragen, wohin wir unsere Schritte auch wenden, Achtung erweisen. Ihm geht es aber auch um äußere Stille, um stille Flecken in der Natur, in die kein menschlicher Lärm vordringt, und die findet er nur selten. Auf seinen Reisen kreuz und quer durch die Vereinigten Staaten hat er nur zwölf Orte aufgespürt, an denen die Natur mehrere Minuten lang von Menschenlärm ungestört erklingen kann. Es gibt keine Natur mehr, die singt, ohne dass wir in ihre Musik eingreifen.

John Muir hielt vor 140 Jahren überall, wohin er beim Wandern in den Sierras kam, die Ohren offen. «Der tiefe Bass der nackten Zweige, Baumstämme, die wie Wasserfälle dröhnen, die schnellen nervösen Vibrationen der Kiefernnadeln, die mal zu einem schrillen, pfeifenden Zischen ansteigen, mal zu einem seidigen Murmeln abfallen, das Rascheln von Lorbeerhainen in den Tälern und das feine metallische Knacken von Blatt um Blatt … Die Luft ist Musik, die der Wind auf Reisen schickt. Alles bewegt sich in Musik und schreibt sie.»[31] Muir schrieb diese Zeilen zu einer Zeit, in der man Klang noch nicht aufzeichnen konnte. Wir brauchten Worte wie die seinen, um zu glauben, dass die Erde als Ganzes ein musikalisches Wesen ist. Für Muir waren die gehörten Klänge ein weiterer Beweis für das Schöne, das aus der Natur spricht, wenn nicht für uns, dann wenigstens zu uns, damit wir ihr Aufmerksamkeit schenken und die Ehre erweisen. Über ein Jahrhundert später ist für Hempton Stille ein praktisches und ein geistiges Ziel, ist der Grundsatz, von dem seine ganze Arbeit und sein Anliegen getragen werden.

Mit seinen beiden Arten von Stille geht es ihm freilich niemals um Geräuschlosigkeit, nur um unerwünschte Geräusche und den geistlosen, von den Maschinen des Menschen erzeugten Lärm, dem wir nicht entkommen. Noch mehr als sein Ethos sind es allerdings sein Lebensweg und die von ihm getroffenen Entscheidungen, die mich bei Hempton am meisten fesseln. Er war einige Jahre mit einer an Taubheit leidenden Frau verlobt – fand er in ihr jemanden, der seinen Frieden mit der Stille gemacht hatte? Er lebt mit Absicht in nächster ihm möglicher Nähe zu dem ruhigsten amerikanischen Nationalpark, dem Olympic mit seinem Hoh-Regenwald, und hat dort einen persönlichen Schrein gefunden, den Quadratzoll Stille, an dem die Übergriffe des lärmenden Menschen zuletzt doch abgewehrt werden können. Seine Aufnahmen sind erstaunlich schön und präzise, übersichtlich gegliedert und zusammengestellt, ohne jedoch, wie er angibt, nachträglich bearbeitet worden zu sein. Warum legt er Wert auf diese Feststellung, wenn es sich doch zweifellos um Kunstwerke und nicht um Naturdokumente handelt? Ich weiß es nicht – vielleicht verhält es sich wie bei den Fotografen, die mit Photoshop zwar eine Farbe korrigieren, niemals aber einen Gegenstand in ein Bild rücken würden, der ursprünglich nicht da war.

Es schmerzt mich, dass Hempton nicht nur einmal, sondern zweimal das Gehör verlor, und es gibt mir neuen Mut, dass sein Gehör nach dieser Tragödie teilweise wiederhergestellt ist, er für seine exemplarischen Naturklangaufnahmen nun jedoch einen Assistenten mit feinerem Gehör benötigt. Die Stille, um die er bat, wurde ihm zwar gegeben, aber er wird nicht ruhen, weil es diese Stille in der realen Welt nicht gibt. Wir müssen weiter mit der Allgegenwart von Lärm rechnen.

Hemptons neuestes Buch ist ein im Eigenverlag erschienenes mit dem Titel *Earth is a Solar-Powered Jukebox*. Ich verstehe seine Entscheidung für den Selbstverlag; auf die Weise konnte er alles genau so machen, wie er es haben wollte – Farbfotos, Links zu online verfügbarem Audiomaterial –, und kein Verleger sagte ihm, was ging oder nicht ging. Anders als sein vorheriges, memoirenhaftes *One Square Inch of Silence* ist der neue Band im Wesentlichen ein praktisches Handbuch für die Arbeit mit Umweltklängen, das sich an akusmatische Komponisten und vor allem an professionelle Sounddesigner für Games, Podcasts und Filme richtet.

Am interessantesten ist das Kapitel darüber, wie man aufzeichnet, was Hempton *Bereiche der Stille* nennt: natürliche Räume an der unteren Grenze des menschlichen Hörvermögens, Klanglandschaften, in denen fast komplette Ruhe herrscht, echte schöne Stille, dem Schweigen nahe, aber nicht leer wie der von Ingenieuren errichtete schalltote Raum, den John Cage verewigt hat.

Hempton ist berühmt für seine Aussage, es gebe in Amerika nur zwölf wirklich stille Orte (und in Europa keinen), an denen man eine Viertelstunde sein könne, ohne von einem menschlichen Geräusch gestört zu werden. Einer davon ist der Grund des Haleakala-Kraters auf der vielbesuchten Insel Maui. Geht man gut dreihundert Meter aufwärts und danach dieselbe Strecke wieder abwärts, befindet man sich in der Mitte einer seltsamen tropischen Wüste. Hempton nennt es den stillsten Ort auf Erden, an dem sich der Geräuschpegel «in negativen Dezibel bemisst und beim ersten Hinhören wie absolute Stille erscheint. Hebt man sie jedoch um bloße 20 Dezibel an, hören wir wie einen mantragleichen Beat das Geräusch pazifischer Wellen, das über den zehntausend Fuß hohen Rand des Vulkans schwappt.» Landschaften einzufangen, in denen wie hier die Töne kaum schwingen, ist knifflig:

> Habe ich mich einmal für eine Stelle entschieden, komme ich gewöhnlich an den Punkt, dass ich denke: «Hier passiert nichts.» Inzwischen weiß ich, dass so ein Erlebnis, über das ich früher enttäuscht war, im Grunde eine gute Nachricht ist … Einmal in aller Frühe klang es von da, wo ich mit Kopfhörern saß, als schlafe die ganze Welt. Wenn ich mir meine Aufnahme heute anhöre, füllen sich meine Augen mit Tränen bei der Erinnerung an diesen prachtvollen Morgen und die Erfahrung, wie friedlich die Natur klingen kann, wenn sie noch eine Weile auf den Sonnenaufgang wartet. In dieser Stille ist alles anwesend. Stille ist durch und durch beruhigend.

Und selbstverständlich ist so eine Stille selten … Ich überlege, ob Lärm auch beruhigend sein kann. Die geistige Ausrichtung und Ästhetik von Krause, Hempton und sogar Elliott sind nicht meine Sache. Ich tauche in Naturklänge ein, weil ich weiß, dass sie den Geräuschen der Menschheit ähnlich sein können. Herangetragene Wellen können wie Autos klingen, die auf einer Schnellstraße vorbeizischen, Donnergrollen wie ein sich nähernder Zug. Insekten klingen wie elektronische Musik, das Stöhnen von Walen wie das Rumpeln einlaufender Schiffe. Das Anliegen der Klangbewahrer ist richtig: Die Unberührtheit der Natur geht uns verloren. Wir verlieren Spezies, Habitate, seltene ebenso wie weitverbreitete Tiere; alles geht zugrunde, während wir den Planeten weiter malträtieren. Die Aussichten sind trübe, es gibt wohl keinen anderen Ausweg als den kompromisslosen Kampf gegen das Verschwenderische der menschlichen Lebensweise. Ich zweifle nicht daran, dass dieser Pessimismus zu Recht besteht.

Klang ist flüchtig und kann einen täuschen, kann einen verzaubern in seiner akusmatischen Reinheit, wenn wir nicht wissen, was für einer es ist, ob menschlich oder tierisch, natürlich oder künstlich. Es ist faszinierend, David Toops Aufnahme von seinem Gang durch einen Chinamarkt zu hören, in dem echte und künstliche Insekten verkauft werden, bei der es sich fast um Anti-Naturklang handelt und wir wegen der zusätzlichen Geräusche durch vorbeibrausende Motorroller und Verkäufer, die ihre Ware anpreisen, kaum unterscheiden können, was da gerade an unser Ohr dringt, Tier oder Maschine. Klar ist nur eines: In der Klangwelt, die Toop hier durchschreitet, wimmelt es von verschiedenen Spezies, die sich kraftvoll Gehör zu verschaffen wissen.

Ich höre mir Gordon Hemptons wunderbaren Track an, der Klangbeispiele aus seinen Lieblingslandschaften auf der Welt versammelt, ein Stück, das seinem Buch *One Quare Inch of Silence* beiliegt und das von einer Stelle stammt, die nur wenige Meilen von dem Wanderweg im Olympic National Park entfernt ist. Das Stück beginnt mit heulenden Kojoten. Ist es natürlicher oder artifizieller Hall, der ihr Melisma umgibt? Dann folgt ein herrlicher Rhythmus von Regentropfen auf Blättern, cool und zyklisch, ein Beat, gut geeignet zum Sampeln und Weiterverwenden, wie Fußtritte oder das Knacken von Walen – für uns Jäger des Rhythmus. Hemptons Stück ist eine Abfolge tröstlicher Klänge, die einzelnen Beispiele unterbrochen von Momenten der Stille wie bei den einzelnen Nachtigallenliedern, bei denen zwischendurch Zeit zum Antworten oder Nachdenken bleibt. Jetzt stellt Bernie Krause fest, dass sich «im Regenwald des Hoh Valley schon lange vor Hemptons Geburt Menschen aufgehalten haben. Wiegt sein Empfinden als Weißer im Gang der menschlichen Ereignisse jetzt schwerer?»[32] Ein begründeter Einwand. Wir Heutigen sind es, die der Stille ihren hohen Wert zumessen, obwohl es, wie Krause oft eloquent dargelegt hat, in der Natur keine komplette Stille gibt. Belassen wir es bei der Feststellung, dass die Schöpfer großartiger Klangaufnahmen nicht davor zurückscheuen, die Arbeit anderer genau unter die Lupe zu nehmen.

Stille, sei es innere oder äußere: Was ist das eigentlich? Sicherlich nicht die Abwesenheit von Klang, sondern ein geistiger Raum, ein Moment nachdenklicher Innerlichkeit. Die meisten, die schon einmal in einem schalltoten Raum gewesen sind, einem künstlichen Laborraum, in dem es keinen Klang und keine Reflexion von Schall gibt, sind nicht froh über die Erfahrung. John Cage war die seltene Ausnahme und äußerte sich sehr positiv über seinen Aufenthalt in einer solchen echofreien Kammer, als er sagte, er habe das Sirren seiner Nerven und sein schlagendes Herz gehört. Bei anderen löst das Fehlen räumlicher Akustik Übelkeit aus. Wohl oder übel ist uns wahre Stille nicht bekömmlich. Wir sind im Lärm zu Hause, in dem dröhnenden, summenden Durcheinander, das William James als den Bewusstseinsstrom bezeichnete, der uns alle am Leben erhält. Soll Meditation all das nicht verlangsamen, wenn wir unseren Geist entleeren? Eigentlich nicht, sagte Leonhard Cohen. Er muss es gewusst haben, nachdem er vierzig Jahre lang am Mount Baldy im Los Angeles County vor den Füßen seines Zen-Meisters den Boden fegte. «Meditation hält uns im besten Fall vom Wimmern ab.»[33]

Und Wimmern ist oft wohl die natürliche Reaktion auf Verzweiflung über alles, was an unserer Einstellung zur Natur falsch ist. Wir pressen ihr alles ab und gehen dabei der Schönheit verlustig, die uns seit Jahrtausenden umgab. Das kann ich nicht bestreiten, aber ich weigere mich, dabei stehenzubleiben. Feiern wir das Mysterium, dem wir in den Klängen begegnen, die sich zäh in der Natur behaupten, den ausdauernden Vögeln, die eine ganze Nacht hindurch singen.

In einigen ihrer Verbreitungsgebiete, insbesondere im ländlichen England, bekommt man den süßen Klang der Nachtigall kaum noch zu hören, und wir sollten für ihre Rettung tun, was wir können. In anderen Gegenden aber breitet sich der großartige Gesang des Vogels aus, steigt vielstimmig aus den Bäumen auf, und wir können die Gelegenheit jetzt nutzen, und die Beharrlichkeit würdigen, mit der die Nachtigall allem trotzt, und uns im Zuhören schulen.

Darüber denke ich nach, während ich von meinem Haus die steile herbstliche Straße hinunter zum Fluss gehe. Es ist nicht gerade die beste Zeit für Vogelgesang, aber noch liegt viel Musik in der Luft. Die Spottdrossel mag nicht singen, wenn es so kalt ist, lässt aber, als ich vorbeigehe, ein tiefes *schuumf* hören – und ich werde nie erfahren, ob das ein unwirsches «Hey, du!» ist oder ob sie «Pass bloß auf» sagt. Spatzen erheben sich in rauen Mengen von Bäumen zu einem Formationsflug und jagen vor dem gelbroten Laub über den Himmel. Die letzten Grillen des Jahres versuchen sich noch einmal an einem Herbstlied, bevor der erste Frost sie tötet, es sei denn, sie schlüpfen in unsere Häuser, singen uns dort noch ein Ständchen und erkämpfen sich ein paar Lebenswochen mehr. Windböen lassen das tote Laub in perkussivem Rascheln kreiseln wie ein exotisches Zildjian, das offiziell noch immer nicht zur Familie der Schlagbecken gehört. Nichts Außergewöhnliches also, aber trotzdem schön, wenn man will, dass es so ist, und allem, was sich akustisch tut, wirklich nachlauscht.

Das waren nichtmenschliche Klänge, auf die ich eingegangen bin. Die Klänge unserer eigenen Spezies können uns ebenfalls in den Bann ziehen, denn Technik ist immer dann am besten, wenn sie das mögliche Schöne ebenfalls zulässt. Ein Zug, der um Mitternacht laut wummernd bremst, lässt die Erde ebenso erbeben wie die fallenden Kegel in Rip van Winkles Traum, jene donnernde Trance, die sich nur wenige Meilen flussaufwärts von hier zutrug. Große Ölschuten, die den Hudson hinauffuhren, aus eigener Motorkraft angetrieben oder von mächtigen Schleppern gezogen. Diese Schiffe erzeugen überraschende Wellen, Miniatur-Tsunamis, die deine auf dem Strand liegenden Kleider durchaus ins Meer spülen können, während du eine Runde schwimmst.

Das Nächste ist eine Zugfahrt in die Stadt, ein geschäftiger Mischmasch aus einem Netz von Röhren, dem Gepolter von Rädern auf Gleisen, hydraulischen Türen und dem Kreischen einer kriechend langsamen Einfahrt in den Bahnhof, nicht geschmeidig und zügig wie bei einem europäischen Hochgeschwindigkeitszug, sondern eine knarzende amerikanische Angelegenheit. Beruhigend in ihrer Unregelmäßigkeit, mit einer Ungenauigkeit, die lebendig klingt, wie ein fremdartiges wildes Tier, voller Geräusche, die wir nicht recht einordnen und deshalb umso mehr genießen können.

Wie viel müssen wir über einen Klang *wissen*, um ihn zu verstehen? Müssen wir die Namen der Dinge, die wir hören, vergessen, damit wir sie als Klänge begreifen und nur als das? Denken Sie an das Wort *akusmatisch*, eingeführt von dem legendären Mathematiker Pythagoras als Bezeichnung für Geräusche, deren Quelle man nicht genau definieren kann. Diese Geräusche erregen unsere Aufmerksamkeit am stärksten, ob wir sie nun für Musik halten oder nicht. Es sind Hörrätsel, und wir vergessen sie nicht.

Ich hatte über die Macht von Tönen, die wogenden Unbekannten, nachgedacht, als mir Brian Kanes schönes Buch *Sound Unseen* in die Hände fiel, das die Geschichte der Akusmatik von Pythagoras bis zu der phänomenologischen Frage nachzeichnet, dem Ding an sich erst zu lauschen, bevor man sich dazu äußert. Was für ein herrlicher Kontrast zu unserem Drang, alles wissen, den Gegenständen Namen anzuheften und so unsere Grübeleien beenden zu wollen! Kanes Buch beginnt mit der Geschichte von den Moodus Noises, eigenartigen Geräuschen, die seit Jahren in dem Städtchen Moodus in Connecticut im Umlauf sind.[34] Kane, der als Professor in Yale lehrt, kannte die Geschichte gut – sogar die Indianer sprachen darüber, nannten die Geräusche die Stimme des Gottes Hobomoko, bei dem es sich, befanden die Puritaner später, um Satan handelte. Heute tun Fachleute die Geräusche als seismische Aktivität ab. Tatsache ist, dass die eigenartigen Klänge ungefähr alle zehn Jahre zu hören sind und wir immer noch nicht wissen, worum es sich dabei handelt. Ich erzähle Ihnen davon, weil ein Gräusch umso interessanter ist, je weniger wir darüber wissen. Was folgt daraus für unser gesichertes Wissen in Bezug auf Klanglandschaften?

Mit Akusmatik haben wir es immer dann zu tun, wenn wir Klänge aufnehmen wollen, die wir nicht erklären können. Das geschieht ständig. Heute bin ich mitten in der Nacht aufgewacht und hörte, aus dem Dunkel meiner Wohnung kommend, eine ganze Komposition. Grundiert wurde das Ganze von einem seltsamen warmen Beat. Komponierte da irgendwo im Haus jemand Techno-Musik? Ich bezweifle es. War es die Heizungsanlage, die einen seltsam klaren Rhythmus probte? Als Begleitung dazu atmete neben mir meine Frau langsam und geschäftig. Weißes Rauschen drang wie ein Schwall durchs Fenster herein. Gab es in anderen Wohnungen Klimageräte? Sie scheinen pausenlos zu laufen. Fuhr Wind durch das fallende Novemberlaub? Oder fuhr ein Auto durch den Regen? Das weiß man im Dunkeln nicht. Wenn ich über Akusmatik nachdenke, bemühe ich mich, das Geräusch erst einmal und vor allem als holistische Komposition aufzufassen. Eduard Hanslick fällt mir ein, der böse Bube der Musikphilosophie des neunzehnten Jahrhunderts, der uns nahebringen wollte, dass es in der Musik nur um musikalische Fragen und musikalische Gesetze geht, dass man Musik nicht als Ausdruck von Gefühlen hören sollte und dass sie nicht auf Geräuschen vorhandener Gegenstände in der realen Welt beruht. Die meisten von uns abstrahieren beim Zuhören nicht auf diese Weise, wir situieren uns mit Tönen dort, wo wir sind.

Normalerweise dichten wir Klängen einen Bezug zu etwas Realem außerhalb von uns an, es sei denn, wir überlassen uns der akusmatischen Tätigkeit, die man «Musik hören» nennt. Beschließen Sie, dass es Musik ist, was Sie hören, und Sie werden sich beim Zuhören nicht mehr ständig überlegen, worauf sich was bezieht, und stattdessen auf das Wechselspiel der Töne des Stücks achten. Werden Sie von Musikern gespielt oder von Maschinen komponiert, wird es schnell unglaubhaft. Kommt der Klang aus der Umwelt oder begleitet einen, wenn man irgendwohin zu Fuß unterwegs ist, dann ähnelt er eher einem durch meditative Einsichten vertieften Leben. Vor der Musik ist Klang erst einmal Klang. Nach der Musik ist Klang immer noch Klang, aber wir schweben ein paar Zentimeter über dem Boden. Um eine alte Zen-Weisheit mit anderen Worten auszudrücken: Unsere Aufmerksamkeit auf das, was rings um uns erklingt, macht das Leben ein bisschen reicher, lässt uns lebendiger werden.

Hören Sie dem französischen Klangpionier Pierre Schaeffer zu, wenn er Musique concrète erfindet. Er sitzt mit einem Plattenspieler auf der Bühne eines Zuhörerraums und manipuliert Plattenaufnahmen eines Zuges, verlangsamt oder beschleunigt ihn, wechselt von einer Platte zur nächsten. Ist das überhaupt ein Zug oder nicht? Ist es ein Rhythmus, ein Geräusch? Ist es schön, ein Kuriosum? Entstand es zufällig oder wurde es für uns geschaffen? Diese Fragen verlangen von Musik, Musik zu sein, und für mich ist das in Ordnung. Allein schon das Wort *akusmatisch* benennt etwas, was nicht benannt werden sollte, das Unbekannte, das uns überraschen soll und das so technisch klingt, wie Sharawaji sinnträchtig ist. Applaudieren wir der Musik der Welt, dem Musikcharakter, der allen Klängen innewohnt, sobald wir meinen, es lohne sich, auf sie zu achten.

Es ist nicht schwer, besser zuzuhören. Sie brauchen bloß etwas zurückzutreten, zu atmen, Raum zu lassen, das Handy auszuschalten, aufzublicken, die Augen zu schließen und die Klänge aufzunehmen. Sie werden Sie interessieren. Sie werden sich wünschen, in jedem davon zu leben. Spüren Sie die Musik, die darin zu finden ist, und achten Sie auf die Formen. Eine Naturaufnahme, so fabelhaft sie auch sei, ist nur ein Zeichen für eine lebendige Erfahrung, die in der Vergangenheit liegt. Musik muss immer wieder neu gemacht werden, und sogar die bereits gemachte ist nie so groß wie das, was darin anklingen kann. Die dabei entstandenen Noten sind nur eine mögliche Untergruppe aller Noten, die gespielt werden können. Das Lied einer Nachtigall ist eine Möglichkeit von allen Liedern, die gesungen werden können. Eine Stadt ist voll davon, und dorthin müssen wir nun zurückkehren.

7 BERLIN SEHNT SICH NACH BERLIN

Es ist immer eine gute Idee, sich Wim Wenders' Filmklassiker *Der Himmel über Berlin* noch einmal anzusehen, wenn man wieder nach Berlin kommt. Es ist einer der wenigen Filme, die jedes Mal, wenn man sie sieht, schöner und anders werden. Ich erinnere mich noch, wie tief mich diese Traumbilder in den Achtzigern beeindruckten, als der Film herauskam, in einer Zeit, in der Kalter Krieg und Berliner Mauer unser kollektives Bewusstsein bestimmten und diese großartige Stadt der Übersteigerungen und der Dunkelheit in zwei Teile zerschnitten. Brachen, verfallene Arenen, düstere Graffiti. Die Bedeutung innerer Monologe, die niemand außer den Engeln hört. Peter Falk als Columbo, sich selbst spielend. «Ich sehe dich nicht, aber ich weiß, du bist da.» Die existenziellen Träumereien von Handkes Drehbuch. *Als das Kind Kind war.*

Als ich seinen Roman *In einer dunklen Nacht ging ich aus meinem stillen Haus* zum ersten Mal las, wusste ich, dass ich eines Tages eine Platte mit genau demselben Titel veröffentlichen würde, und das tat ich auch, meine erste Platte bei dem Label ECM. Berlin – ja, die graue Stadt, in der ich das Vergnügen habe, ein ganzes Jahr unbeschwert, aber hoffentlich nicht untätig, zu leben und Zeit für mich zu haben. Zeit, die zu Raum geworden ist. Erinnerungen an den Film begleiten mich seit Jahrzehnten.

Der Himmel über Berlin war bestimmend für das Europabild unserer Collegejahre. Die vollkommene Frau auf dem

Trapez, Solveig Dommartin, verleiht der Sehnsucht nach Liebe den vollkommenen Ausdruck. Damals wussten wir absolut nichts über sie, außer dass sie die Art Frau war, wegen der Engel auf die Erde herabsteigen. Die Liebe lag für uns einsame junge Männer natürlich in weiter Ferne, war eine Hoffnung und ein Sehnen nach etwas, was wir nicht verstehen konnten. Sie war wie der Blick des Engels in diesem Film: Sah man die Trapezkünstlerin, wurde die ganze Welt schöner, so als würde sie nach Jahren des Einheitsgraus plötzlich farbig. «Weißt du noch, als wir das erste Mal hierherkamen?», sagt Bruno Ganz zu Cassiel, dem anderen Engel. «Damals waren hier Sümpfe. Tiere.» In dieser schwarzweißen Stadt des Kalten Kriegs sind nur Kaninchen zu sehen. Die Engel, letztlich die Träger existenziellen Zweifels, dazu verurteilt, das Leid aller zu teilen, sind nicht imstande, es zu lindern. Es hätten auch Nachtigallen sein können!

Will man heute etwas über Solveig Dommartin in Erfahrung bringen, findet man schnell heraus, dass sie schon mit Mitte vierzig, jünger als ich es jetzt bin, an einem Herzinfarkt starb. Wir waren fast gleich alt, als sie den Film machte. Wenders ist um einiges älter. Er verliebte sich auf dem Set in sie, und sie lebten den größeren Teil eines Jahrzehnts zusammen. Dommartin half ihm auch bei seinem Filmdrama *Bis ans Ende der Welt*. Nach ihrer Trennung spielte sie nie wieder in Filmen mit.

Die inneren Monologe des Films werden nur einmal hörbar, als Solveig dem Engel, den sie in ihren Träumen sah, nach einem Nick-Cave-Konzert in der Bar in Charlottenburg begegnet. Als sie spricht, setzt er sich und hört gebannt zu. Als sie fertig ist, hat sich das Lokal geleert, und nur die zwei sind noch da. Sie verlieben sich. Bruno schmeckt die Freude, ein Mensch zu sein. Berlin ist nicht mehr grau. So wird die Stadt nur von den Engeln gesehen – auf Erden ist sie lebendig und farbig.

Jedes Mal, wenn ich den Film wieder sehe, stelle ich fest, dass ich die Handlung vergessen hatte. Die Ungewissheit ist immer noch da. War Columbo wirklich ein Engel, der vor dreißig Jahren auf die Erde herabstieg – «Compañero!» –, oder ist er ein Teufel und will Engel hereinlegen, damit sie einem endlichen Leben voller Tragödien und Enttäuschungen hier unten unterworfen sind? «Ich kann dich nicht sehen, aber ich weiß, du bist da … Ich wünschte, du könntest diesen Kaffee schmecken, diese Zigarette riechen, die Farben spüren, deine Flügel verlieren.»

All die Schönheit konnte sie nicht retten. Solveig starb zu jung, ihr größter Triumph war ihre jugendliche Vollkommenheit beim Auftritt auf dem Trapez. Wir sterben alle zu jung. Meine Eltern wurden krank, und plötzlich änderte sich für sie die letzte Phase ihres Lebens; es war ihnen nicht vergönnt, in Würde zu altern und langsam zu welken. Stattdessen waren es zehn Jahre in Schmerz und Leid. Das hatten sie nicht verdient. Das verdient niemand.

Jetzt suche ich Zuflucht in Klängen, einer reinen Geräuschkunst, in der nichts etwas bedeuten muss, nur sein darf. So ist es in der Poesie, sagt man, mir ganz gemäß ist aber nur die Musik.

Wenn ich, inzwischen selbst so alt wie die Engel in ihren langen Mänteln, den Film heute sehe, ruft er mir, anders als früher, vor allem die Macht der Liebe ins Gedächtnis. Die Schatten in der Bücherei! Ihre starren Mienen und das zu dünnen Pferdeschwänzen gebundene graue Haar, der kurzlebige Hipster-Look der Achtziger. Darüber lässt sich leicht lachen. Aber die *Liebe* – über welche Macht verfügt sie wirklich? Hören wir den Engel oder den Teufel sprechen? Erkennen wir überhaupt den Unterschied? Erfahrungen gehen nicht in der Zeit auf, sie sind nicht vollständig im Gedächtnis aufgehoben. Zeit kann nicht zum Raum werden, ganz gleich, wie viel Hall man einem Klang auch beigibt.

Die Suche nach Ideen beschäftigt mich unentwegt, mir schwirrt der Kopf von Klangfetzen, deren Quelle ich nicht lokalisieren kann. Die Musik muss in der Struktur selbst sein, in der Abfolge der Gedanken, der Erklärung für die Töne. Deswegen bin ich so beeindruckt von den Berliner Nachtigallen und ihrem unermüdlichen nächtlichen Gesang, der sich über die Autos. Züge, Straßenbahnen, Partys, das Lachen der Menschen und zitternde Bässe erhebt. Was klingt anders für sie, wenn sie über den Lärm hinwegsingen? Was hat es zu bedeuten, dass so viele gerade hier sind, in dieser multikulturellen Stadt? Mindestens einem türkischen Café haben sie zu seinem Namen verholfen. Zwischen Nachtigallen und Kebab denke ich an bestimmte Momente in meinem Berliner Jahr zurück, in denen Klänge das Wesen der Stadt zum Ausdruck brachten.

Der Klangkünstler Taras Mashtalir sagte bei einem Symposium im Atelierhaus The Wye in der Skalitzer Straße etwas Interessantes: «Klangkunst soll Menschen für die Klänge in der sie umgebenden Welt sensibilisieren.» Sie soll unsere Wahrnehmung verändern, mehr noch als andere Arten von Kunst vielleicht. Das stimmt. Das größte Kompliment, das man einem Kunstwerk zollen kann, sei es aus der Musik oder insbesondere der Literatur, ist, so habe ich es immer empfunden, dass es unsere Sinne schärft und uns bereichert, wenn wir uns damit beschäftigt haben, wie es beispielsweise *Der Himmel über Berlin* bei mir tut. Es ist ein besonders literarischer Film, er besteht nur aus Worten, die den Figuren, die

Abb. 9: Der Nachtigall-Imbiss (der Döner ist nicht übel).

sie denken, durch den Kopf strömen und nur von den Engeln und den Kinozuschauern gehört werden. Ansonsten reisen die Worte auf der Leinwand in Stille.

Klangkunst hingegen, so verstehe ich Taras, ist von Musik weit entfernt. Sie ist ein Wahrnehmungsexperiment, das uns auffordert, die Welt auf neue Weise zu hören. Der Instrumentenbauer Ken Butler erläuterte es anhand eines erfundenen Beispiels einmal so: «Wenn ich in eine Galerie gehe und dort ein Trommelton in der Luft liegt, den man nur hört, wenn man sich in einem äußerlich als solcher nicht erkennbaren achteckigen Raum in der Galerie befindet – so etwas ist technisch machbar, ich habe es gehört –, ist das zwar erstaunlich und darf mit Fug und Recht als Kunstwerk gelten, Musik ist es aber mit Sicherheit *nicht*. Und es tut auch nicht so.» Es ist eine ästhetische Erfahrung, die man mit Klang macht, und je weniger er von Visuellem umgeben ist, desto reiner ist er. Diese Erfahrung soll nicht aufgezeichnet, nicht fotografiert und auch nichts anderweitig geschildert werden. Sie ist Klang in einem Raum; sie zu machen, setzt voraus, dass man sich in ihn begibt.

Die Sehnsucht in Wenders' Film, die unerreichbare Schönheit der Trapezkünstlerin, wird abgelöst von der nach beständig warmen Tagen. Ich warte darauf und sehne mich nach den Stunden in einem hellroten Bett in Berlin, ideal bei der Temperatur, während die grauen Tage, die nicht ganz grau sind, draußen vor dem Fenster bleiben. Es zieht mich nicht ins Freie. Die Tage klingen in mir nach, die Jagd nach einer Geschichte, die erzählt werden muss. Einer mit mehr Tiefe und Wirklichkeit als die, die ich bisher angeboten habe, mit weniger Information. Die wahre Kraft des Bedürfnisses nach Klang.

Eines Tages besuchte mich Markus Reuter, der ein Mann der leisen Töne ist, ein nachdenklicher Musiker und Instrumentenerfinder, Komponist, Musikproduzent und ein Meister auf der Touch Guitar, einem Instrument, das mit beiden Händen gespielt wird, wobei die Saiten nicht angeschlagen, sondern nur durch das Tippen der Finger aufs Griffbrett zum Klingen gebracht werden. Er lernte sein Handwerk bei Meistern wie Robert Fripp und gehört heute, zwanzig Jahre später, gemeinsam mit seinen Lehrern zur neuesten Formation virtuoser instrumentaler Rockmusik, den Stick Men, einem Ableger der legendären Band King Crimson. (Wir können altern und zu unseren Idolen werden. Das ist eine schöne Begleiterscheinung von Musik.)

Ich wollte schon immer einmal mit Reuter spielen, und er war schließlich einverstanden, in mein Studio in Berlin zu kommen. Leider erscheint er ohne Gitarre, nur mit einem rätselhaften glänzenden Rucksack auf dem Rücken und einer Schultertasche aus demselben Material.

«Was ist los?», frage ich enttäuscht.

«Ja», sagt er, «ich habe erwogen, eine Gitarre mitzubringen. Doch dann fiel mir ein, wie viel Musik ich dieses Jahr schon gespielt habe, und ich dachte mir, was ich 2013 sagen kann, habe ich schon gesagt. Bis zum neuen Jahr nehme ich das Instrument nicht mehr in die Hand. Dann sehen wir weiter. Ich werde dafür deinen Klang aufnehmen und verwandeln. Ich mache so viel elektronische Musik, dabei kann ich Synthesizer nicht ausstehen. Für mich muss der Klang mit etwas Akustischem beginnen, etwas Realem, mit einem Impuls von irgendwo. Den greife ich dann auf und wandle ihn ab.»

«Ja, ich weiß, was du meinst», sage ich. «Ich will auch immer, dass der Klang *lebt*, dass er lebendig ist. Ich will, dass meine Maschinen schreien wie Tiere. Wir sollten sie fürchten, uns in sie einfühlen. Keine Ahnung, ob sie uns an der Nase herumführen oder unserer oder ihrer Natur Ausdruck verleihen.»

«Was bedeutet das?»

«Keine Ahnung. Manchmal brauche ich das Ungleichmäßige eines Samples aus der Realität, um anzufangen. Aber die Grenzen zwischen Samples oder technischen Tricks und Elektronik verschwimmt zusehends. Manchmal klingen Sachen von Synthesizern, die ungleichmäßig bearbeitet werden, ganz lebendig. Mit dem Paradox von Musik auf Maschinen hab ich noch zu kämpfen. Bis jetzt hat noch kein Programm wirklich zufriedengestellt. Ich sehne die Zukunft herbei. Ich möchte nichts nachahmen, sondern einen Klang, den ich noch nie zuvor gehört habe. Mit wäre lieber, ich würde nicht hören, was eigentlich vor sich geht. Ich will maximale

Wirkung … etwas, was sich nicht richtig erklären und nicht dingfest machen lässt, weder Hall noch Refrain, weder Verzerrung noch Echo oder reinen Loop, nichts davon. Ich will das Staunen über das, was jenseits davon liegt, den Bereich des vollkommen reinen Klangs. Keine Ahnung, ob es den gibt und ob ich den jemals finde. Die Sehnsucht lässt mich weitermachen, es gibt keine Befriedigung. Je futuristischer wir sein wollen, desto mehr überleben wir uns und schaffen etwas, das veraltet.» Mir macht Sorgen, ob Technisches nicht zu schnell alt klingen wird.

Das nimmt Markus mir nicht ab. «Wovon sprichst du?»

«Manchmal will ich einfach keine Musik mehr machen, die sich nicht einordnen lässt. Musizieren ist zu leicht geworden. Aber das ist es wahrscheinlich nur, wenn man ausdrücken kann, was man will, oder es wenigstens erzeugen.»

«Ich glaube, das sehe ich auch so. Deswegen habe ich beschlossen, für eine Weile nicht zu spielen. Ich übe, spiele aber nicht.»

«Wo siehst du da den Unterschied?»

«Beim Üben geht es mir um mehr Sorgfalt. Ich übe keine Tonleitern oder kurze Stücke oder Chops. Ich übe nur den Moment des gerade noch Möglichen, den Sprung, das Flüssige. Das Fließen des Tons. Ich lausche dem nach, um zu hören, was kaum noch da ist. Anfang und Ende sind dabei das Wichtigste. Wer achtet schon wirklich auf die Mitten?» Er lacht. «Man erfährt viel über einen Musiker, wenn man darauf achtet, wie er seine Töne beginnt und beschließt. Die Reise muss von Anfang bis Ende mit voller Hingabe gemacht werden.»

«Merkst du es immer, wenn die Hingabe da ist?» Ich weiß, dass es bei mir nicht so ist.

«Glaub schon. Aber es ist gefährlich. Musiker schließen stets einen Pakt mit der dunklen Seite. Sie wollen etwas zum

Ausdruck bringen, was man nicht ausdrücken kann, mit Worten sowieso nicht, mit Musik im Grunde aber auch nicht. Sie wollen in die dunkelsten Tiefen menschlicher Virtuosität vordringen. Musik auf höchstem Niveau zehrt einen auf. Wir verlieren uns darin und wollen dann kaum noch miteinander sprechen. Wenn ich mit Pat Mastelotto und Tony Levin auf Tour bin, kommt es vor, dass wir sieben Stunden zusammen im Tourbus durch die Great Plains fahren und kaum ein Wort wechseln. Auf diesen langen schweigenden Fahrten wird mir bewusst, dass wir drei von derselben Art sind. Wir verstehen uns wirklich.»

Es gibt keinen Grund, von einem Musiker zu erwarten, dass er sich außer durch Musik noch auf andere Weise mitteilt. Warum erheben wir überhaupt den Anspruch zu reden? Warum schreibe ich weiter Bücher über etwas, was sich mit Klang viel treffender ausdrücken lässt? Reuter hat jahrelang geübt, an seinem Handwerk gefeilt, hat mit seinem scharfen Gehör und seinen Fähigkeiten als Produzent anderen geholfen, handwerklich besser zu werden. Er bemerkt Feinheiten eines Klangs, die sonst niemand hört, geht methodisch vor, die Hände auf dem Laptop, und werkelt an Details. «Sieh dir die gigantischen Türme an, die Robert Fripp wegen der Effekte durch die ganze Welt schleppt», sagt er lächelnd. «Wer braucht das? … Alles nur Show. In dieser kleinen Maschine hier stecken Werkzeuge drin, die viel mehr leisten.»

Er hat recht, und genau das ist das Problem. Uns steht so viel Technik zur Verfügung, mit der wir Musik präzise steuern und die erstaunlichsten Klänge so flüssig produzieren können, dass wir gar nicht wissen, was wir mit diesen Möglichkeiten anfangen sollen. Wir sollten unser Hörvermögen und unseren Sinn für akustische Qualität schärfen und so die Entwicklung der Musik vorantreiben. Die Musik verändert sich, genau wie unsere Werkzeuge, das Verlangen, uns am Reichtum und an der Schönheit von Klängen zu freuen, bleibt aber gleich. Die rasche Vermehrung vielfältiger akustischer Möglichkeiten leistet dem Ennui Vorschub, obwohl wir nach wie vor nicht recht wissen, was wir eigentlich hören.

Man kann Lärm mögen, und man kann Lärm kritisieren: Ich gestehe beiden Seiten gute Gründe dafür zu. Wir lernen verschiedene Arten von Klängen zu schätzen und überlegen ständig, wie sie zu verbessern wären. Legendäre Feinde populärer Musik wie der Philosoph Theodor Adorno behaupten, es handle sich stets um das ewig gleiche Alte, das sich als Neues ausgibt, um uns ein bisschen Vergnügen zu bereiten, ohne ernsthaft die Frage aufzuwerfen, was Musik sein darf. Wer Popmusik mag, sagt etwas anderes. Man ist die Musik, solange sie dauert, und sie dauert wirklich. Sie hat ein Echo. Im besten Fall ist es das, was je wirklich gezählt hat.

Am 7. Dezember 2013 fand in der Akademie der Künste ein historisches Konzert statt. Aus Anlass des fünfzigjährigen Bestehens des DAAD-Künstlerprogramms kamen die drei Gründungsmitglieder – Richard Teitelbaum, Alvin Curran und Frederic Rzewski – des Ensembles Musica Elettronica Viva zusammen und traten gemeinsam auf. Zweien davon war ich bereits viele Male begegnet: Richard, weil er ganz in meiner Nähe in den Hügeln nördlich von New York lebt, und Frederic, weil er vor über dreißig Jahren im Banff Centre for the Arts in Kanada mein Lehrer war. Alle drei sind inzwischen Mitte siebzig und haben eine bemerkenswerte Karriere in der Avantgarde-Musik gemacht. Curran hat jahrelang am Mills College in Kalifornien gelehrt und es fertiggebracht, zur gleichen Zeit in Rom zu leben. Als Pendelstrecke ist das nicht eben wenig.

Jeder dieser drei Löwen der Avantgarde hat lange verschiedene experimentelle Felder beackert und wie ich das Unterrichten an Hochschulen als Haupteinkommensquelle genutzt. Teitelbaum ist einer der raffiniertesten Synthesizerspieler, die ich je gehört habe, und zieht die leisen Texturen und Töne den lauten experimentellen Ausbrüchen vor. Rzewski ist ein politischer Hitzkopf, sein berühmtestes Stück, eine Stunde lang, besteht aus drei Dutzend Variationen des großen chilenischen Revolutionslieds «El pueblo unido jamás será vencido». Curran entlockt seinem Keyboard plakative Sprachsamples und Fetzen von Schlagern auf dem Piano. Alle drei sehen aus wie Hipster, sind erstaunlicherweise immer noch da und weiter aktiv.

«Ich weiß nicht, ob das, was wir gespielt haben, etwas getaugt hat oder nicht. Teils, teils, vermute ich», sagte Rzewski, ein Satz, den man von ihm immer wieder hören konnte. Gesehen habe ich ihn das letzte Mal vor zwanzig Jahren, und er schaut, als könne er mich nicht einordnen. Als gebe er bloß vor, mich zu kennen. Ist es nicht immer so, wenn man einen Musiker, den man bewundert, nach seinem Auftritt anspricht? Man kennt ihn ja eigentlich nicht, ist ihm über die Jahre aber ein paarmal begegnet. Wie viel bedeuten diese Begegnungen?

Rzewski würde mir wohl zustimmen. Er war immer ein engagierter Sozialist, zumindest in seinen künstlerischen Überzeugungen hat er sein Leben lang daran festgehalten. Jetzt lächelt er: «Als Idee war der Sozialismus nicht schlecht, weißt du», sagt er und seufzt. «Ich meine … Russland hatte den besten Tee auf der ganzen Welt. Nach dem Umsturz hingen dann überall Reklametafeln, auf denen ‹Lipton's› stand. Kannst du dir das vorstellen? Nun sollten alle den miesen Lipton-Tee trinken. Die Revolution war vorbei. Der Kapitalismus war da.»

«Wir glaubten, wir wären unglücklich», sagte ein mit am Tisch sitzender ungarischer Komponist lachend, der manches erlebt hatte und noch einiges mehr. «Wie sich zeigt, hatten wir keine Ahnung, wie glücklich wir waren.» Solche Geschichten höre ich in dem Café der Akademie der Künste, dem ehemaligen kargen Tempel der Akademie der Kultur am Rande des Tiergartens im früheren Westberlin.

Die hiesigen Stammgäste sind meist arriviert und elegant gekleidet, aber mit Understatement und berlinerisch lässig. Die Frauen tragen durchweg rote oder grüne Brillen als Farbtupfer zu ihrem Einheitsschwarz oder -grau. Es ist stets dieselbe Art von Kunst, für die sie sich begeistern. Wir sollen etwas aufsetzen, was wir für 3D-Brillen gehalten haben, tatsächlich aber Cloud-Brillen mit durchscheinendem weißem Papier sind, das alles dämpft und verschwommen erscheinen lässt. James Turrell hätte einen Haufen Geld sparen können, wenn er die Besucher seiner Ausstellungen mit diesen Brillen ausgestattet hätte, als er ihnen mit grellen Spotlichtern ins Gesicht leuchtete. Darüber kann man mal nachdenken: eine einfachere Möglichkeit, reines Licht zu erleben.

Curran spielte Teile von Songs und Rhythmen, die einem bekannt vorkamen, keines aber lange genug, um sich einzuhören. Eingrooven war undenkbar. Das wäre doch *zu* populistisch, zu sehr Mainstream gewesen, eine Richtung, die die elektronische Musik nach den würdigen Experimenten in der Frühzeit des Trios verblüffenderweise aber einschlug. Rhythmische Geräusche, wie wir sie von Insekten und Meereswellen kennen, setzen uns seit Jahrtausenden in Bewegung. Zyklen in der Natur mögen vorhersehbar sein, verlaufen aber dennoch nie exakt gleich. Maschinen machen Rhythmen gleichförmig. «Wenn Loops dabei sind», sagte ein Technoproduzent neulich in einem Berliner Stadtmagazin, «ist alles gut. Im Leben, in Beziehungen und in der Musik.» Gewohnheit, hätte John Dewey dazu gesagt.

In dem Musikstudio, das wir in den Achtzigern an der Harvard hatten, waren unsere Loops echte Tonbänder, die an der Wand hingen. Wir nahmen sie herunter und fädelten sie auf speziell umgebaute Tonbandgeräte und verteilten sie, über leere Mikrophonständer gewickelt, durch den ganzen Raum. Wollte einer aus der Klasse Loops stehlen, bedeutete das, dass er sie physisch vom Haken herunternehmen musste, bevor er sie für seine Zwecke verwenden konnte. Heute ist alles virtuell, sofort verfügbar, auf dem Handy: ausschneiden, einfügen, fertig.

Musica Elettronica Viva verwenden bis heute keine Loops. Entweder sind sie Puristen, oder sie wollen sich nicht für die Ästhetik des Rhythmus öffnen, für eine Welt der Genres und Subgenres, in der für akustisch Ungeschulte alles gleich klingt: House, Jungle, Trip-Hop, Techno, Glitch, Dubstep. Solche Namen müssen unruhig sein, ständig in Bewegung wie die Gesänge der Buckelwale, die sich von Jahr zu Jahr, Monat zu Monat, Woche zu Woche verändern. Man möchte von keinem vereinnahmt werden, wenn man musikalisch etwas «Neues» machen will, und fürchtet sich stets vor einem Club, der einen wie man selbst als Mitglied akzeptieren würde.

Ich hätte ihnen mit einigen Tipps zu einem *besseren* Auftritt verhelfen können. Erstens würde ich Improvisationen in klar voneinander abgegrenzte Stücke aufteilen und nicht so tun, als ob es eine kohärente Aussage gewesen wäre. Sie haben es «Symphonie 104» genannt, eine Reverenz an den amerikanischen Komponisten Elliott Carter, der 104 Jahre geworden war und bis ans Ende seines Lebens großartige schwierige Werke geschrieben hat. Viele Fachleute meinen sogar, er habe seine besten Werke geschrieben, *nachdem* er hundert geworden war.

Zweitens würde ich dafür sorgen, dass die akustischen Instrumente gegenüber den elektronischen nicht ins Hintertreffen geraten. Oder ich würde alle drei kompliziertes Klanggemurmel spielen lassen und dieses Wogen der Akustik mit akustischen Instrumenten überlagern, alles so leise, dass man kaum auseinanderhalten kann, wer von den dreien was spielt. Ich würde ihre individuellen Klänge räumlich voneinander trennen, sodass man nach einer Weile *doch* auseinanderhalten kann, wer was spielt, und die elektronische Persönlichkeit jedes einzelnen Viva-Musikers heraushört, sodass man hoffen darf, wahre Reife zu hören, ein spielerisches Vermögen, das nur fünfzig Jahre musikalische Praxis vermitteln kann. Ich will in ihrer Musik meine Zukunft hören, die Hoffnung schöpfen, dass ich das, was ich heute tue, dreißig Jahre später immer noch tun kann und eine Tiefe erreicht haben werde, bei der ich mir nicht lächerlich vorkomme, wenn ich weitermache.

Die Farben des Club Transmediale (CTM) Festivals von 2014 sind die Gegenfarben Grün und Rot. Die Broschüren sind in Rot auf Grün und in Grün auf Rot gedruckt, also fast nicht lesbar. Wittgenstein schrieb in den *Bemerkungen über die Farben*, eine Farbe wie «grünliches Rot» gebe es nicht; wer diese Kombination verwende, zwinge uns Farben auf, die sich nicht mischen lassen, genauso wie Klänge, die nicht einer mit dem anderen vermischt werden sollten. Wie viel elektronische Musik kann das menschliche Ohr wirklich aufnehmen? Noch bevor wir den Konzertraum betreten, schwirrt uns schon der Kopf.

Die Zukunft wird nicht die Wiederbelebung der alten

Sinuskurven-«Wärme» und der roboterhaften Vocoder-Unschärfe aus der Kindheit sein. Manchmal glaube ich, sie ist die große Vermanschung aller Klänge, die wir kennen oder kennen sollten, unserer Vorlieben und Abneigungen, so lange übereinandergehäuft, bis wir über unsere Beurteilungsvermögen hinaus zur Grenze des Neuen geschoben sind. Wenn ich spätabends stundenlang im Freien Grillen gelauscht habe, höre ich gern etwas Lauteres. Ich lächle, wenn diese Lieder der Erde zuletzt so klingen wie das, was Synthesizer können. Es ist kein großes Geheimnis, wie man elektronischer Musik einen wärmeren, zugänglicheren Klang verleiht, und das ist nicht bloß eine Frage veränderter Tonqualität. Es gibt drei einfache Tricks. Der erste: Verzichte auf kontinuierlich wummernden Beat. Lass Freiräume. Wenn du eine sich wiederholende Phrase zu einem Lied ausbauen willst – und das tun Synthesizer *zu gern*, es hält sie auch selbst bei Laune –, dann wiederhole etwas, was zuerst ungewohnt klingt. Etwas, wozu du nicht tanzen möchtest, was dir aber nicht mehr aus dem Kopf geht. Manchmal dauert es Wochen oder Monate, bis man so einen perfekten, ungleichmäßigen Loop gefunden hat.

Der zweite: Nimm einen Sound, der aufs Gemüt geht. Ein einzelner abseitiger Akkord, länger gehalten, als du im ersten Moment für nötig erachtest. Ein ätherischer Moll-Akkord verfehlt seine Wirkung nie. Deswegen erwärmen sich Hörer für mein Stück «The Killer» (oder beruhigen sie sich dabei?) mit den wiederholten schwermütigen Rufen säugetierfressender Killerwale, die zu dunklem Gitarrengedröhn singen.

Der dritte: Überraschung. Bau immer dann, wenn du meinst, dein Zuhörer hat es kapiert, etwas Unerwartetes ein. Wirf den Ball in einem Bogen, führ die Musik oder die Geschichte an einen Folgepunkt, mit dem niemand gerechnet hat. Das widerspricht, ich weiß, der anderen oft von mir vertretenen Ansicht, dass Musik genau genommen leicht ist, dass man bereits mit simpler Wiederholung und einem tröstlich vollen Ton, der das Resultat jahrelanger Vorbereitung und Übung ist, Menschen ködern kann. Dann aber muss man sie ins Unerwartete führen. Sie dürfen nicht vorher ahnen, wohin die Reise geht. Am schönsten ist es, wenn du ein feindseliges Publikum vor dir hast, das dir nicht zutraut, dass du es für dich gewinnen kannst, und du es dann, langsam, für dich werbend und mit Respekt überzeugst – und dann die überraschende Wendung.

Ich trete ins Freie und höre ein Geräusch, das alle anderen Geräusche einschließt, als ich vom Café Tagesbrot durch die Dieffenbachstraße bis zum Türkenmarkt am Maybachufer laufe. Seltsamerweise ist es warm, und zum ersten Mal seit Monaten ist der Himmel über der für ihre fürchterliche Dunstglocke berüchtigten Stadt blau. Die Passanten staunen stumm über das außergewöhnliche Wetter. Vögel erwachen, Blumen erblühen plötzlich. Der Frühling ist Monate zu früh dran. In New York ist die Temperatur am selben Tag innerhalb von vier Stunden um 10 Grad gefallen, was es seit neunzig Jahren nicht gegeben hat. Wie mag *das* wohl klingen? Im Gehen überlege ich, ob das schöne Wetter wirklich einen Klang *hat*, einen, an dem man es erkennt. Und dann höre ich etwas, Musik, kaum vernehmlich. Auf einem Balkon mehrere Stockwerke oberhalb spielt jemand auf einem Xylophon. Ein Kind vielleicht oder aber der hübsche Klingelton eines Handys. Höre ich wirklich Musik, oder ist es das Hintergrundgeräusch der Stadt selbst?

Noch mehr Auftrieb geben mir die Schatten riesiger Holztauben, die vor einem schwarzen Metallrohr auf dem Schornstein des Nachbargebäudes sitzen. Eine Leiter führt zu dem Rohr hinauf, vermutlich eine Aufstiegshilfe für Schornsteinfeger, die den Kamin inspizieren. Und wie oft müssen sie das tun? Einmal pro Jahr? Vielleicht ist sie für Vögel gedacht, damit sie vom höchsten Punkt des Gebäudes ihr Reich besichtigen können. Die Holztauben verblüffen den Fremden; sie sind doppelt so groß wie unsere amerikanischen Tauben.

Ich erwähne das nicht nur, weil es ein starkes Bild ist, sondern auch wegen der Geräusche, die diese Riesentauben machen. Ein tiefes *Guur guur guur*, nicht ganz so markant wie das der Fächertaube in Neuguinea, die man manchmal in Volieren hört, trotzdem aber ein hallendes *Buum*. Diese tiefen, viszeralen Töne fehlen an diesem sonnigen Wintertag, statt ihrer ertönt das Xylophon. Es ist ein fesselnder, wenn auch unvollkommener Klang, der die Bandbreite der Frequenzen, auf der jeder Ton seinen Platz kennt, nicht voll ausschöpft.

Ich denke oft über den Klang von Wind nach. So leicht man sich an ihn erinnert, so schwer ist er aufzuzeichnen. Das Heulen und Pfeifen, das durch die dicken Betonmauern alter osteuropäischer Wohnblocks dringt, klingt dramatischer, als der Luftstrom tatsächlich ist. Die starken Böen auf dem aufgegebenen Tempelhofer Flughafen ein Stück die Straße entlang sind immer viel leiser, als sie sich anfühlen. Mich interessiert aber nie nur der Klang, ob von Wind oder von was auch immer, und mir geht es auch nicht um politische Aussagen über Klang, auch wenn ich weiß, dass das für den Verkauf des Buchs hilfreich wäre: Was, wenn gefrierendes Eis besser klingt als schmelzendes? Sollen wir es dann einem Werk beigeben, das zur Gefahr des Klimawandels Stellung nimmt? Es reicht nicht, über Eis nachzudenken, reicht nicht, auf Eis aus zu sein. Man muss mit dieser Sorge etwas Schönes anfangen.

Wenn diese Worte kalt erscheinen, dann deshalb, weil meine Gefühle darin nicht enthalten sind. Entweder das, oder meine Gefühle sind kalt, und die Worte spüren einer lebenslangen Liebe zum Kühlen nach, wie es in den Schriften von W. G. Sebald und John Berger bis zu Steve Erickson und Lao-Tse zum Ausdruck kommt. Was könnte *Sie* dazu bewegen, bei diesem planlosen Tasten einen neuen Weg einzuschlagen? Die Suche. Die Suche nach dem vollkommenen Klang, und die ungeteilte Aufmerksamkeit, die vonnöten ist, um ihn zu finden.

Das Xylophon auf dem Balkon, der stille Frühling. Der Wind auf dem Flughafen weht mich um, aber leise, denn hier sind keine Bäume, die er biegen kann. Fast komme ich auf der zweiten Startbahn ins Rutschen. Ich radle so schnell ich kann zu der Freestyle-Gartenanlage unweit der Flughafenstraße. Dort saß ich einmal in einem Holzverschlag mit durchsichtigem Plastik an einem bitterkalten Herbsttag mit meinem Freund, dem Tangolehrer Lars Schmidt, und aß Bergkäse auf einer dicken Scheibe dunklem Biobrot. «Ich muss im Freien essen», sagt er, als wir ein warmes Café verlassen und in die bei Sonnenuntergang heulende Brise zurück auf das Tempelhofer Feld gehen, wo einst die Luftwaffe aufstieg und heute Kohl und Raps angebaut wird. Aus dem Wind heraus, kann ich ihn endlich hören. Luft macht nur Geräusche, wenn sie auf etwas trifft; das Knattern der Plastikplanen erzeugt einen regelrechten Sturm. Das Essen schmeckt frisch, und wir bibbern im Sonnenuntergang. Natürlich schmeckt das Sandwich so viel besser. Lars hat recht.

Er wird Berlin bald verlassen. Seine warme Kleidung hat er in einem VW-Bus im Haus der Eltern seiner Exfreundin außerhalb von Marseille gebunkert. Ein weiter Weg, um sich einen Pullover zu holen.

Abb. 10: Lars Schmidt auf dem Tempelhofer Feld.

Meine Nachtigallenstadt hat den Bereich möglicher Klänge hinter sich gelassen. Neben dem alten Rollfeld brät eine Meute von jungen Schnorrern, die sich an einem milden Tag mitten im Winter hinter ein paar Müllcontainern versteckt, ein ganzes Wildschwein über offenem Feuer. Die Farbe des Himmels ist unbestimmt, als wäre er von einer Kultur erträumt, die keinen Namen für Blau hat. Man merkt kaum, dass er da ist.

Tags darauf fahre ich wieder hin und sehe nach, was von dem Keiler geblieben ist. Von Vieh und Festmahl keine Spur, aber Tempelhof ist immer einen Besuch wert. Ich wünschte, ich könnte Ihnen sagen, ich wäre wegen des Klangs hin, der gewaltig war, und es hätte da wirklich etwas zu hören gegeben. War aber nicht so.

Stärker fielen mir die Gerüche auf, dank des einen Sinnes,

mit dem die Menschen eigentlich nichts anzufangen wissen. Die Keksfabrik Bahlsen befindet sich direkt südlich des Flughafens, und ihre warmen Butterdüfte wabern über das südliche Rollfeld. Daneben steht ein riesiger alter Hangar, darauf das Schild «Tonfilm Studios», ob aktuell noch in Betrieb oder ein Überbleibsel der ersten deutschen Filmindustrie, weiß ich nicht. Der Flughafen ist immer großartig, ein freier Raum in der ansonsten dichtbesiedelten Stadt. Was für ein Grundstück!, sagen die Immobilienentwickler. Was für ein Volkspark!, sagen die Stadtbewohner. Bevor ich das Tempelhofer Feld sah, stellte ich mir eine riesige zubetonierte Fläche vor, heiß und drückend – im Prinzip so, wie es auf dem Kennedy Airport in New York wäre, sollte der eines Tages plötzlich geschlossen werden, Tempelhof ist robuster, uriger, hat eine Geschichte. Hier gibt es wilde Gemeinschaftsgärten und Hundeparks, die zu beiden Seiten entstehen, mehr Nightvale als O'Hare International. Es ist ein seltsam tröstlicher Ort. Alle lächeln, ob sie inlineskaten oder Drachen steigen lassen, Drohnen testen oder Schweine braten. Im Geiste rieche ich das Tier, stelle mir das Brutzeln vor, das ich nicht gehört habe …

An einem Abend zu Ehren der Künstler des Labels Grünrekorder, das nur Musiker unter Vertrag hat, die mit Naturklängen arbeiten, löschte Peter Kutin das Licht. Dann begannen die Geräusche: ein ominöses Grollen, fremdartig, aufgenommen mit schlichten Kontaktmikros, die in Sand gesteckt und auf alte Eisenbahnschienen gelegt worden waren. Solche Mikros kosten nicht viel, bestehen aus einfachen piezoelektrischen Scheiben, an die Drähte gelötet sind, technisch simpel, aber berühmt für die seltsam rauen Timbres, die man damit erzeugt.

Dazu zeigt Kutin plötzlich Bilder der Gegenden, in denen er die Aufnahmen gemacht hat: eindrucksvolle, fast monochrome Bilder von chilenischen Wüsten, leeren Stränden, verwaisten Gewächshäusern und menschenleeren Salzbergwerken. Die Choreographie von Bild und Ton ist perfekt, auch wenn ich mir manchmal die Finger in die Ohren stecken muss. Es ist ein *Musikstück* mit Anfang, Mitte und Schluss. Wenn der Abend verkorkst ist, muss ich das auf meine Kappe nehmen, weil ich die Teilnehmer dauernd dazu dränge, über ihre Arbeit zu sprechen. Ich hatte mir Sorgen gemacht, dass das Ganze sonst bloß wie lange Strecken zusammenhangloser Klänge wirken könnte. Obwohl meine Sorgen unbegründet waren, hätten diese langen Strecken besser klingen können als das, was uns geboten wurde. Einige Teilnehmer reden zu viel, als hielten sie ihre Werke für interessanter, als sie es in Wahrheit sind. Nicht alle Künstler sollten sich über ihren kreativen Prozess verbreiten. Die besseren Werke – in diesem Falle die Peter Kutins – sprechen für sich. Die anderen sind mit zu viel Erklärung überladen. Wir Musiker sollten manchmal über unser Tun schweigen oder zumindest lernen, wann und inwiefern das Werk für sich selbst sprechen sollte.

Kutin erzählt eine Geschichte von einem alten Bergsteiger, der abstürzte, in eine Gletscherspalte fiel und sechs Tage in absolutem Dunkel ausharren musste, bevor er gerettet wurde. Er überlebte, weil er Wassertropfen auffing, die von oben in den Abgrund fielen, und sich alle Mühe gab, nicht einzuschlafen. Da der Verunglückte sich in völliger Dunkelheit befand, war das ein wunderbarer Stoff für ein Radiostück, sagt Kutin. Als Nächstes will er mit dem österreichischen Regisseur Daniel Hoesl einen Film über eine künftige Erde machen, auf der es keine Menschen mehr gibt. Wie wird das klingen? Sie verwenden mehrere Jahre darauf, die reichlich vorhandenen

Überreste menschlicher Zivilisation an Orten vollkommener Stille zu filmen. In dem fertigen Film wird es keinen O-Ton geben. Und alles wird von Anfang selbst gemacht sein, wie ein hausgebackener Kuchen.

Ich stehe an der Spitze der Schlange vor dem Stadtbad Wedding, der ehemaligen Volksbadeanstalt, deren Schwimmbecken als Musicclub genutzt werden.[35] Hier findet das CTM Festival statt. «Sie müssen warten», sagt der Türsteher. «Nicht auf das Podest treten, bleiben Sie hinter der Absperrung», belehrt er mich ruhig. Ich folge der Anweisung. Ist der Laden schon überfüllt? Zehn Minuten später sind wir hinter der ersten Tür und lassen uns dann abtasten. Von uns führt niemand Waffen oder Aufzeichnungsgeräte mit sich. Es ist noch früh, erst 23 Uhr, und deshalb ziemlich leer. Wir freuen uns, als wir sehen, dass Chris Salters Xenakis-Installation in dem einen leeren Schwimmbecken noch da ist. Sich in einem Schwimmbecken zu bewegen macht hilflos. Der Boden ist schräg und trocken, nicht glitschig, allerdings sind jede Menge kleiner Kissen ausgelegt. An langen sternförmig gespannten Drähten pulsieren grelle Edelgaslampen. Das ist eine alte Technik, Xenakis und Le Corbusier haben sie bereits in dem berühmten Philips-Pavillon auf der Brüsseler Weltausstellung 1958 verwendet. Die Soundtracks klingen wie gesampelte Geräusche der urbanen Welt, kreisen in Kopfhöhe über uns und werden abwechselnd klarer und diffuser. Man legt sich auf den schräg abfallenden Boden und erspürt die Geometrie. Ab und zu sendet ein rasiermesserscharfer Laser einen grünen Strahl über unseren Köpfen durch den Raum. Hier ist eine Oase akustischen Friedens. Bei den durch den Raum gezogenen gepunkteten Linien muss ich an Xenakis' mathematische Zeichnungen denken, Doodles von präziser Unklarheit, verständlich erst in der Welt von heute, die er nicht mehr erlebt hat. Ich erinnere mich, dass er ein merkwürdiges Sommerhaus für François-Bernard Mâche entworfen hat, einen französischen Komponisten, der den Messiaen-Lehrstuhl in Paris bekleidet, der Einzige, der Olivier Messiaen in seiner Vogel-Besessenheit beerbt, ein Mann, der ein Buch mit dem Titel *Musique, mythe, nature ou les dauphins d'Arion* geschrieben hat, bahnbrechend für unser Thema.

Außerhalb des Schwimmbeckens wird es langsam voll. Ein rätselhafter Hinweis macht in beiden Hallen die Runde. «Krankheitsbedingt wird anstelle von Boddika Shackleton auftreten.» Treppen führen auf- und abwärts zu Korridoren, beleuchtet in den offiziellen Festivalfarben Grün und Rot. Die tunnelartigen Gänge, in denen sich früher die Umkleiden befanden, weiten sich am Ende zu Nischen, in denen improvisierte Bars aufgebaut sind, gerüstet für den Ansturm der Massen, der zweifellos kommt. Im Heizungskeller hat jeder DJ einen eigenen Tisch voller Gerätschaften, die noch mit bekleckertem Malertuch abgedeckt sind. Alle warten, bis sie an die Reihe kommen, der Stoff weggezogen wird und der Zauber sich entfalten kann. In dem größeren der beiden Becken tritt Jeri Jeri auf, eine Band von Mbalax-Trommlern aus dem Senegal. Ihre Platte, realisiert mit dem Produzenten Mark Ernestus, ist ein cooler Hybrid aus elektronischer Regelmäßigkeit Berliner Elektronica und lebendiger Realität einer Bühne voller Drums, die Live Show aber ist purer Westafrika-Sound. Wie kann ein Synthesizer auf dem Boden eines Schwimmbeckens mit dieser ungezügelten Kraft oben konkurrieren? Es ist zwei Uhr nachts, ich groove mit der Band und begreife auf einmal, warum es sich gelohnt hat, so lange aufzubleiben und nicht an die Zeit zu denken. Warum haben wir uns die Mühe gemacht und all die Geräte erfunden, frage ich mich, wenn der Groove mit Musikern aus Fleisch und Blut doch viel lebendiger ist, voll im Rhythmus, aber nie genau gleich? Warum habe ich mit siebzehn im Wesleyan Music Lab angefangen, auf dem Arp 2600 zu spielen? Meine Klarinette, gespielt durch einen Ringmodulator, klang furchtbar. Was ließ mich glauben, so eine Verzerrung wäre nur ein Quäntchen besser als der reine Klang meiner Lippen auf Schilfgras? Als ich einmal mit Scanner (Robin Rimbaud) im Tonic in der Lower East Side gespielt habe, war die Klarinette so schlecht abgenommen, dass sie das ganze Konzert hindurch schief klang und mehrere Besucher mir hinterher sagten, das hätte ihnen sehr gefallen. So eine draufgängerisch und hip klingende Klarinette hätten sie noch nie gehört. Das brachte mich darauf, dass ich Verzerrung als Effekte hätte wählen müssen, auch wenn ich gerade den nie sonderlich gemocht hatte, weil das klingt, als sei der eingehende Ton herabgesetzt und ein Stück in Richtung Low-fi-, wenn nicht gar Low-Bit-Lärm geschoben. Andererseits mögen wir Lärm. Wir ziehen ihn reinen Tönen vor, die unsere Synthesizer ebenfalls hinkriegen.

Warum ist das so? Weil wir selber unrein sind. Nur unsere Gedanken bringen Kreise, Rechtecke und Dreiecke in Reinform hervor, die reale Welt jedoch tritt uns mit der Unschärfe des Ungleichmäßigen entgegen. Mit Makeln, mit Staub, Schmutz und Dreck. Eine Oberfläche ist niemals vollkommen rein. Keine menschliche Stimme klingt genau wie eine andere. Deswegen müssen wir alle singen.

Und deswegen müssen wir zuhören.

Rhythmus ist kein Hexenwerk: einfach genug Raum für die Wiederholung von Unregelmäßigem lassen, schon grooven wir, die wir regelmäßige Unregelmäßigkeit brauchen, dazu, bis wir den Trick durchschauen und uns langweilen. Ist Musik einfach? Eigentlich nicht, aber zu schwere Musik wird nur von denen geschätzt, die sich Zeit zum Kennenlernen nehmen.

Wie weit kommt man entgegen? Hängt davon ab, wen man erreichen möchte. Ich weiß nicht genug über Popmusik und interessiere mich auch nicht dafür, aber vielleicht bin ich auch zu alt dafür, mich so von Musik überschütten zu lassen, dass nichts anderes mehr wichtig ist. Ich beschreibe gern Kunstwerke, die so großartig sind, dass man sie eigentlich nicht beschreiben kann. Wir müssen sie uns vorstellen, wie das weiße Bild mit den weißen Streifen in Yasmina Rezas Theaterstück «Kunst», das niemand sehen kann, so großartig ist es, oder wie die leuchtenden weißen Vierecke in Lisa Cholodenkos Film *High Art*. Vielfach spricht so etwas mich einfach an, zum Beispiel der Junge in Joseph Vilsmaiers Film *Schlafes Bruder*, der bei einem Wettbewerb aufgefordert wird, über Bachs Choral «Schlafes Bruder» zu improvisieren, aber keine Ahnung hat, was das ist, und sich die Seele aus dem Leib spielt. Wir schreiben das Jahr 1799, und er ist gerade von den schmutzigen Hügeln herabgestiegen, um zum allerersten Mal auf einer richtigen Orgel zu spielen, und – ob Sie's glauben oder nicht – von seinem Spiel fliegt das Dach der Kathedrale weg. Oder ist das nur eine Metapher für ungebildete Größe? Wie das fiktive Vinteuil Quartett bei Proust, komponiert von Hans Werner Henze in Volker Schlöndorffs Film *Eine Liebe von Swann*, eine Szene, die mir deshalb so gut im Gedächtnis geblieben ist, weil die Damen der Gesellschaft im Publikum in autoerotischem Tanz in mühsam beherrschte krampfhafte Zuckungen geraten, verursacht durch die sehr avantgardistische Musik. Das Seltsame ist, Proust schildert diese Aufführung neuer Musik, als wären es emotional bewegende Augenblicke, leidenschaftliche Klänge, die uns wirklich berühren, und nicht bloß pure mathematische Experimente von Komponisten, die, wie David Stubbs in *Fear of Music* ausführt, ausdrücklich Musik machen wollten, die niemandem gefallen musste. Sie sahen sich, nach

Schönbergs berühmtem Wort, als die Auserwählten, die sich ihrer Aufgabe verweigerten.

Sehen Sie das auch so? Wurden wir alle in der Schule dazu angehalten, Musik zu machen, die andere verschreckt?

Ein unglaublich lautes subsonisches Geräusch rollt aus den riesigen Lautsprechern und erschüttert den ganzen Raum. Rhythmus kann man das nicht mehr nennen, dieses gewaltige bebende Dröhnen, das wirklich in den Ohren schmerzt. Ich zucke zusammen bei der Lautstärke. Eine Frau neben mir sieht mich an und sagt: «Sie haben wohl Angst vor der Musik?»

Ich habe Angst vor Lärm, bis ich ihn als Musik hören kann. Ein Klang, so monströs, dass er unwirklich scheint.

Ich schreibe an Mark Ernestus, weil ich neugierig bin, was genau er mit diesen senegalesischen Trommlern angestellt hat. Live klangen sie ziemlich traditionell, die Aufnahme jedoch hat verschiedene feine Verzögerungseffekte und eine Remix-Qualität.

Es dauert über einen Monat, bis er antwortet. «Komm in mein Studio», schreibt er kryptisch. «Ich zeig's dir. Erzähl aber nicht überall herum, wo es ist.»

Ernestus sagt, er hat Musiker verschiedener Richtungen dazu gebracht, zusammen zu spielen, die sonst nie miteinander arbeiten würden. Ja, es ist traditionell, aber auch eine Mischung verschiedener Traditionen. Manchmal entstehen Konflikte. Ein Teil der Trommeln bleibt in seinem Studio, weil ein Mitglied der Band verflucht wurde – er hat etwas sehr Schlechtes getan, was niemand auszusprechen wagt. Seine Trommel rührt keiner mehr an; sie steht unbenutzt an der Wand. Was würde passieren, wenn jemand darauf spielte? «Das wissen wir nicht», sagt Ernestus nachdenklich. «Irgendwas Schlimmes, Verrücktes.»

Eine ganze Studiowand wird von modularen Synthesizern

eingenommen, abgedeckt mit Schutzhüllen. Hier stehen auch Lautsprecher, so riesig, als kämen sie aus dem Film *Metropolis*. Sie sehen aber aus, als wären sie viele Jahre nicht mehr benutzt worden. Auf der anderen Seite des Raumes steht ein üblicher Computer mit kleinen Lautsprechern wie in einem Heimstudio.

«Warum nimmst du nicht die imposanten Lautsprecher dadrüben?», denke ich laut.

«Ganz einfach», sagt Ernestus, der Gründer des Hard Wax Record Shop und Pionier der Berliner Technoszene. «Sie geben nicht die Wirklichkeit wieder. Ich zeig's dir.» Er knipst ein paar Schalter an, und der Mix wird auf die alten Lautsprecher umgelenkt. Der Klang ist unglaublich ausgewogen, ein fester, regelmäßiger Bass, die Mitten anrührend weich, die Höhen klar. Beeindruckend. «Darum geht's, verstehst du? So klingt die reale Welt nicht. Eine auf so einem System abgemischte Platte hätte in der realen Welt keine Chance. Deswegen schalte ich zu den normaleren Monitoren hier um. Es besteht kein Anlass, die Realität zu leugnen.»

Nichts soll realer sein als die Musik. Das System kann nicht größer sein als das System. Das Ungewöhnliche kann von jedermann gehört werden. Wir müssen bloß wissen, wie und wo wir es finden und wie wir es nennen wollen.

In Berlin sehne ich mich nach Berlin. Die Amseln fingen vier Stunden vor Morgengrauen an zu singen, und die Lerchen schwebten virtuos über dem Tempelhofer Feld. Die Kamele in der Hasenheide sind nach dem dunklen Winter erwacht und fressen wie alle anderen Tiere die entsorgten Weihnachtsbäume. Es ist nur eine Frage der Zeit, bis die Nachtigallen erscheinen und meine tiefe Verbundenheit mit den herrlich zwitschernden Vögeln in diesem Jahr wieder auf die Probe gestellt wird.

Abb. 11: Die gefallenen Dinosaurier im Spreepark.

Ich strebe einen zarten schönen Ton an, auf der Klarinette und im Strom der Worte, weiß aber nicht, ob er mir tatsächlich einmal gelingen wird. Das hier ist noch immer nicht der Text, bloß ein Wegbereiter dazu. Ich werde Bilder und Zufallsereignisse anhäufen müssen, bevor ich die wahre Geschichte erzählen kann.

Wissen Sie, dass es ein Schiff gibt, das Sie und Ihr Fahrrad bis an den Müggelsee bringt? Im fast vergessenen Spreepark Plänterwald dreht sich manchmal das Riesenrad im Wind, ist das nicht unglaublicht? Und gleich daneben liegen die Dinosaurier auf die Erde und hören zu.

Vielleicht erwacht das Areal bald wieder zum Leben. Lars Schmidt hat recht: Sogar in der Stadt schmecken Essen und Musik viel besser, wenn man sie im Freien zu sich nimmt, im Winter draußen am ehemaligen Flughafen, wo der Wind im

Licht des Spätnachmittags durch die Hausgärten fegt und man seinen Augen und Ohren nicht trauen kann. In der Stadt wollen wir die Natur mit Worten heraufbeschwören, mit unseren Sehnsüchten, unserer Verzweiflung, mit unserem Verlangen, aufs Land zu kommen. Aber wir sind immer noch da, harren die langen Wintermonate aus bis zur Rückkehr der Nachtigallen. In Ermangelung von Klang träumen wir davon. Schließen Sie die Augen, setzen Sie die Kopfhörer auf, lauschen Sie der Welt der Klänge, die aus der Natur mitgebracht werden …

8 ELF WEGE ZUR TIERMUSIK

Als ich ungefähr sechs Jahre alt war, zogen wir von New York City aufs Land, und da ich jahrelang kaum Freunde hatte, unternahm ich allein lange Wanderungen, durch die Wälder und am Fluss entlang, lauschte dem Gesang und den Geräuschen der Vögel und der Käfer und fragte mich, wie ich selber mich in der Natur zurechtfinden konnte. Als Teenager erfuhr ich, dass es in der Nähe Musiker gab, die im Wald in einer Kommune lebten und mit Vögeln und Wölfen Musik machten. Die Gruppe nannte sich Winter Consort, und ich lernte ihren führenden Kopf kennen, den Jazzsaxophonisten Paul Winter. Ich sagte ihm, ich wolle mich seiner Gruppe anschließen, und er erwiderte: «Nein, wir sind nicht die Richtigen für dich. Du musst einen eigenen Weg zu den Klängen der Natur finden.» Es dauerte viele Jahre, aber schließlich fand ich meinen eigenen Weg und spielte live mit nichtmenschlichen Musikern, zuerst mit Vögeln, danach mit Walen und sogar mit Insekten.

Mit siebzehn hatte ich einen Ferienjob, bei dem ich mit Dave DeSante vom Vogelobservatorium in Point Reyes im Auftrag von Earthwatch auf den Spuren der Vogelwelt in der Sierra Nevada von Kalifornien unterwegs war. Ich musste jeden Morgen zu einem bestimmten subalpinen Berghang gehen, Ausschau nach Vögeln halten, von denen manche an den Beinen beringt waren, damit wir sie identifizieren konnten, und ihre genauen Bewegungen in eine Karte eintragen. Warum wir das taten, weiß ich nicht mehr. Meist sah ich Finken und Grasmücken, doch eines Tages folgte ich einem großen

Habicht, einem Vertreter der Spezies, die diese schmackhaften kleinen Vögel gern verspeist. Einem so großen und aufregenden Vogel auf der Spur zu sein machte viel mehr Spaß. Er zog große Kreise in der Luft, und ich zeichnete große Bögen auf der Karte.

Einmal verlor ich ihn aus den Augen, setzte mich auf die Erde und überlegte, wo er sein könnte, als ich ein Rascheln in den Blättern hörte. Er hockte auf einem Ast direkt über mir und sah auf die Karte herab, auf der ich seine Bewegungen festgehalten hatte, so als wolle er herausfinden, was ich, sehr zu seinem Missfallen, da tat.

Ich musste lachen, legte die Karte beiseite und zog eine kleine Blechflöte hervor. Ich lauschte den vielen Vögeln, die rings um mich sangen, und fand es so großartig, da draußen zu sein und diese sonderbare Arbeit zu tun, dass mit einem Mal alles einen Sinn ergab. Ich fing an mitzuspielen.

Das war wahrscheinlich das erste Mal, dass ich mit Vögeln musizierte. Und für viele Jahre auch das letzte, bis ich in den Neunzigern einmal mit dem kanadischen Komponisten R. Murray Schafer einen Spaziergang machte. Wir umwanderten einen See im Banff National Park, und Schafer erzählte mir von einem Stück für Posaune, Sopran und Natursee, das er komponiert hatte. Die Sängerin sollte in einem Kanu über den See treiben, der Posaunist im Wald versteckt spielen. Die Aufführung fand am frühen Morgen statt, und die Zuhörer hatten sich über das ganze Seeufer verstreut. Die Komposition ließ Raum für alle Naturklänge der Vögel, die bei Sonnenaufgang zu singen anfingen. Ich dachte: Dieses Musikstück leuchtet mir ein, es schafft Bedingungen dafür, dass wir Menschen unseren Platz in der Natur finden.

Ich bin ein Improvisator und habe viel vom Jazz gelernt, von indischer und tibetanischer Musik und allen möglichen

Klängen, die meinen Weg kreuzten. Das Beste am Jazz ist seine Offenheit für andere Traditionen, für bisher unbekannte Klänge und Strukturen, die er integriert. Ich wusste bereits, dass ich mit Musikern anderer Spezies improvisieren wollte, und wollte mir genauer überlegen, wie ich das umsetzen kann. Vögel boten sich ganz natürlich dafür an, und Nachtigallen wiederum eigneten sich dafür am besten.

Es war 1998 in Helsinki, als ich zum ersten Mal eine Nachtigall hörte, da dieser Vogel in Amerika nicht lebt. Ich unterrichtete einen Kurs zur Philosophie des Klangs an der Hochschule für Kunst und Design, die nach der Fusion mit anderen Hochschulen heute die Aalto-Universität bildet. Einmal befand ich mich spätabends Ende Mai in Kallio, wo es kaum richtig dunkel wird, auf dem Heimweg, als ich einen unglaublichen Vogel hörte. Sein Gesang war lauter, kraftvoller und vielgestaltiger, als ich es für möglich hielt, und ich dachte, eines Tages kommst du wieder und musizierst mit diesem Vogel. Achtzehn Jahre später war es schließlich so weit.

Mit der Welt der Information verbunden, sitze ich da und spiele wie alle anderen Vermeidungsspielchen, bestelle mir Bücher über Nachtigallen in verschiedenen Sprachen, die ich halbwegs verstehe, obwohl in meinem Bücherregal schon so viele Bücher zu dem Thema stehen, dass ich kaum den Überblick darüber behalten kann. Wer muss von den Erlebnissen anderer mit Nachtigallen lesen, wenn er selbst mehr als genug mit ihnen erlebt hat? Der Weltmusik-Kenner Ben Mandelson würde vielleicht sagen: «Wir bekommen immer die Nachtigallen, die wir verdienen.» Wenn ich also nach einer scheuen suchen soll, werde ich das tun. Wenn ich eine temperamentvolle brauche, wird so eine auftauchen. Wenn ich ein Waldkauz bin, stoße ich hoffentlich von oben auf eine herab – im Gleitflug zum Töten.

Im Juni 2016 kam ich wieder nach Helsinki, um einen Film über Musik von Menschen und Nachtigallen zu machen, was gleich mehrere Vorteile in sich vereinte. Die Stadt liegt sehr weit nördlich, dort kommen die Vögel einen Monat später an als in Berlin, und wegen ihrer Lage auf dem hohen nördlichen Breitengrad wird es nachts nicht richtig dunkel, sodass die Sichtbarkeit der Musik auf Video kaum beeinträchtigt wird. Das versetzt auch die Vögel in Erregung, denn sie haben es schwerer, sich zu verstecken. In Finnland habe ich nie gesehen, dass eine einmal stillsitzt; sie sprangen ständig im Gebüsch herum wie Muhammad Ali im Ring. Rastlos wie eine Nachtigall, singen wie im Rausch. Ich wurde zu dem Augenblick vor achtzehn Jahren zurückversetzt, als ich diesen erstaunlichen Vogel in einer hellen Nacht zum ersten Mal hörte.

Meine Lieblingsaufnahme aus Helsinki ist fast die letzte. Nachdem wir herausgefunden hatten, dass die besten Zeiten zum Spielen von zehn Uhr abends bis Mitternacht und von zwei bis vier Uhr nachts sind, ruhten wir uns in den zwei Stunden dazwischen nur aus und schliefen dann von fünf Uhr morgens bis ein Uhr mittags richtig, ein bisschen wie Jazzmusiker oder Clubgänger, für normale Menschen nach einigen Tagen aber eine Strapaze. Nach sechs Tagen habe ich die Nase voll von dem Wahnsinn. Der Vogel versteckt sich am Westufer der Insel vor uns, während die Verkehrsgeräusche im Hintergrund abebben und es gegen Mitternacht schließlich doch dunkel wird. Wir kriegen den Kerl nicht gefilmt, weil er in den Büschen hin und her flattert und inzwischen genau weiß, was wir mit ihm vorhaben. Der enorme Unterschied zwischen meiner Menschenmusik und seiner *Luscinia*-Welt hat mich so mürbe gemacht, dass ich kurz vorm Aufgeben bin, nur auf meinen Ringen und Klappen herumdrücke, um wie er Beats und Rhythmen zu produzieren. Es ist eine Erlösung, alle Hoffnungen fahrenzulassen.

Aus reinem Überdruss über meine Verrücktheit spiele ich ein paarmal nacheinander eine sich wiederholende chromatische Melodie, die schon bald in Richtung Blues geht (siehe Tafel 9 im Bildteil). Spricht jede Spezies auf den Blues an? Ich fand immer, dass der unerklärliche Wolfton zwischen Dur und Moll die lächerlichen Kategorien von fröhlich und traurig unterläuft, mit denen menschliche Musik trivialisiert zu werden droht. Kein Lied ist nur fröhlich oder nur traurig. Musik ist immer ein Dazwischen, kommt stets aus der Tiefe der Emotion, ist randvoll mit *Buri*-Tönen; sie lässt sich nicht in bloßes Lachen oder Tränen einteilen.

Der Gesang der Nachtigall bleibt unheimlich. Er ist die elektronische Musik der Natur, seine Schwingungen und Töne, Rhythmen und Geräusche sind mit den Begriffen und Regeln westlicher Musik nicht zu fassen, zweifellos aber dennoch Musik, auch wenn wir nicht genau sagen können, warum.

Die Transkription von Nachtigallenliedern in einfache Melodien ist eine ebenso schlechte Idee. Wenn der Vogel Tonleitern verwendet, dann nicht unsere. Die Kategorien seiner Musik liegen außerhalb der menschlichen Sphäre: Klacken, Pfeifen, Schnarren, *Buri*. Wolfton, Hookline, Schleifer, Glissando, Riff. Worte werden der Coolness seiner Musik nicht gerecht. Der Vogel singt unermüdlich und so seltsam und einzigartig, dass wir nicht zum Kern seines Lieds vordringen. Ich staune nach wie vor, wie wenig Bücher es bis jetzt darüber gibt. Eines auf Niederländisch, zwei vielleicht auf Deutsch, drei auf Englisch, alle aber vom selben Verfasser, Richard Mabey. Eine Gedichtanthologie, zusammengestellt von einem Mann, der weit entfernt von allen Gegenden lebt, in denen es Nachtigallen gibt.[36]

Es ist, wie so viel unbegreifliche Musik, ein Lied über Rhythmus als Reflexion von Stille als Ursprung der Form. Singt der Vogel Hunderte von Liedern oder ein langes, aus Hunderten von ähnlichen, irgendwie aber verschiedenen Phrasen komponiertes Lied? Sind Nachtigallenstücke, wie Konzerte hindustanischer Musik, gewaltige einzelne Kompositionen, Welten, in die sich Zuhörer und Musiker hineinbegeben und die in Wahrheit weder Anfang noch Ende haben? Wenn wir uns darauf einlassen, erfahren wir es vielleicht.

Die Cellistin Beatrice Harrison lächelte, wenn die Nachtigall ihren Gesang auf die berühmten Cellophrasen abzustimmen schien, die sie 1928 in ihrem Garten in Kent spielte. Harrison ihrerseits dachte jedoch nicht heran, ihr Spiel den Reaktionen des Vogels anzupassen. Menschen können von der Natur lernen, wenn sie auf Improvisation setzen. Improvisatoren üben jahrelang, sich auf jede musikalische Situation einzustellen, aus jeder musikalischen Begegnung etwas bisher Ungehörtes zu machen. Ein Buch mit sieben Siegeln ist die Musik der Nachtigall für uns nicht, auch wenn sie nicht um unseretwillen entstand.

Auch der Philosoph Immanuel Kant hatte das erkannt. Schon früh, in der 1790 erschienenen *Kritik der Urteilskraft*, schrieb er:

> Selbst der Gesang der Vögel, den wir unter keine musikalische Regel bringen können, scheint mehr Freiheit und darum mehr für den Geschmack zu enthalten als selbst ein menschlicher Gesang, der nach allen Regeln der Tonkunst geführt wird; weil man des Letzteren, wenn er oft und lange Zeit wiederholt wird, weit eher überdrüssig wird. Allein hier vertauschen wir vermutlich unsere Teilnehmung an der Lustigkeit eines kleinen beliebten Tierchens mit der Schönheit seines Gesanges, der, wenn er vom

> Menschen (wie dies mit dem Schlagen der Nachtigall bisweilen geschieht) ganz genau nachgeahmt wird, unserem Ohre ganz geschmacklos zu sein dünkt.[37]

Der Begründer der modernen Philosophie dachte also bereits vor über zweihundert Jahren über die Kunst des Vogelgesangs nach! Wenn wir die Musik des Vogels würdigen wollen, müssen wir uns in seine Ästhetik hineindenken. Wenn wir mit ihm musizieren wollen, dürfen wir ihn nicht kopieren, sondern müssen uns als Menschen in die Verbindung einbringen und von ihm lernen.

Wie die Nachtigall sind wir Außenseiter, das extreme Ergebnis einer ästhetischen Evolution. Wer braucht unsere wirren Hirne, unsere merkwürdigen Überlebensstrategien, die umfassende Umgestaltung der Erde zu einem verrückten Fertighabitat für unsere Zwecke? Der Wald braucht die Nachtigall, die die ganze Nacht lang singt, ebenso wenig wie der Ozean den Buckelwal braucht, der vierundzwanzig Stunden lang singt. Vernehme ich Nachtigallen, habe auch ich sofort den Wunsch, mich zu wiederholen, denn ihre herrlichen Klänge sind ein großartiger Mix aus Wiederholung und Neuem, Wechsel und Stille. Ein geheimnisvoller Code, der kein Code ist und dessen Zweck schlicht und einfach das Singen selbst ist.

An einem unseren ersten Tage in Helsinki sind im Morgengrauen viel mehr andere Vögel da als Nachtigallen, vor allem in der Marsch auf Tullisaari. Schilfrohrsänger sind in der bunten Mischung ebenfalls vertreten, und die Nachtigall hat Mühe, sich Gehör zu verschaffen. Ich ziehe mein iPad-Tablet hervor, dem sich fast jeder Ton entlocken lässt, und heraus kommt etwas, was steril und stolz nach Elektronik klingt (Tafel 10 im Bildteil) und von Natur denkbar weit entfernt ist. Ich will von der Nachtigall lernen, meinen oben bereits angeführten Prinzipien folgen, dem Manifest von Raum, Unterbrechungen, Phrasen, Rhythmen, Pausen, Kontrast und Klarheit. Mir fallen die Tests ein, die ergaben, dass bestimmte Spezies, Kardinäle etwa, auf Synthesizerversionen ihres Gesangs besser ansprachen als auf die Töne, die sie wirklich hervorbringen, und auch ich sehne mich nach einer platonischen musikalischen Form jenseits der Wirklichkeit. Vielleicht ist das der Grund, weshalb wir Menschen elektronische Klänge ebenfalls mögen oder warum einige von uns sie entschieden ablehnen.

Ich teste Phrasen, Bendings und Lücken, überlege, was sich daraus machen lässt. Nach fünf Minuten komme ich drauf: ein Rhythmus ist möglich, ein Beat, eine Beständigkeit, etwas, was Nachtigallen von sich aus auch beginnen und beenden – und das, über längere Zeit fortgeführt, erzeugt einen Groove. Die Figur hat eine Grundlage, und wir Menschen spüren den Bass. Können zumindest tanzen. Ich habe den größten Bluetooth-Lautsprecher mitgebracht, den ich tragen kann, sodass die tiefen Frequenzen – zugegeben, Frequenzen, die die Vögel nicht hören oder die sie nicht interessieren – da sind. Ich glaube allerdings, sie spüren sie doch, genauso wie sie es spüren, wenn sich ein Erdbeben oder eine seismische Veränderung ankündigt.

Geht doch, wir sind in Minute sieben, und der Rhythmus ist etabliert. Ich lege das Tablet zur Seite und lasse es spielen, greife nach meiner Klarinette: phrygischer Modus oder ganze Töne? Liegt ganz an mir, dem Vogel und dem Rhythmus. Die Wiesenrallen und Krähen verstummen, doch ich merke, dass sie zu tanzen anfangen. Einen Moment gibt es, da *swingt* die Nachtigall; eindeutig.

Der untere Teil von Tafel 10 zeigt einen regelmäßigen

Rhythmus, während das iPad mit der Synthesizer-App Animoog wobbelt. Oben seht man die Phrasen der Nachtigall. In der Mitte die steigenden und fallenden Töne der Klarinette. Eine Klanglandschaft, in der jeder von uns seinen Platz gefunden hat.

In meinen College-Kursen «Einführung in die Musik» hatte ich immer viele Studenten, die ehrlichen Herzens der Meinung waren, Musik sei nur das, was einen Rhythmus hat. Ich verstehe das, Musik bringt sich vielfach nur auf die Weise zur Geltung, und man möchte etwas fühlen, möchte sich bewegen. Was mag die Nachtigall empfinden, wenn ihr Gesang über einen konstanten Rhythmus gelegt wird? Ich glaube naiverweise, es gefällt ihr. Deshalb sind sie und ihr Partner auch bei uns heimisch geworden, in den Städten, in denen es noch genügend Grün gibt, das die Tierwelt ernährt. Ich kümmere mich nicht einmal um Arpeggios, der rhythmisch modulierte Ton packt mich. Das genügt. Ich mag keine Akkorde, genauso wenig wie harmonische Modulation, nur Frequenzmodulation, um den Ton fetter zu machen. Sicher, der Maschinenrhythmus überbietet den Vogel, und ich kenne viele, die den Track ablehnen werden, weil er das tut, was ich Musikern zu unterlassen predige: in den Raum der Nachtigall eindringen, einen permanenten Rhythmus über ihre Vollkommenheit zu legen. Trotzdem klingt es für mich cool, ich kann es nicht leugnen. Ich will mit dem Vogel eins werden und ihn hier verewigen, bevor ich wegfahre.

Ville Tanttu filmt die Episode für unsere Dokumentation über Musik mit Nachtigallen, ist aber nicht sonderlich erfreut, als ich zum iPad greife und den Vogel elektronisch begleite. Live-Klarinette und Nachtigall ist sinnvoll. Es ist rein, optisch wahrnehmbar und real. Das iPad aber, dieses kleine anonyme Rechteck, ist in der Tat das Sinnbild für den Drang des Menschen, die Welt in ein Raster zu zwingen. Macht man es zu einem Musikinstrument, ist es alles oder nichts, eine Klangmaschine ohne bewegliche Teile, die ihre Welt sampeln kann und jeden Ton, den sie zu fassen bekommt, verwandelt wieder ausspuckt.

Natürlich können wir das, was dabei herauskommt, beim späteren Wiederhören schön finden. Aber Cinema Verité sollte live aufgenommen werden, und es gibt viel weniger zu sehen, wenn ein Musiker in der Natur bei einem wie verrückt singenden Vogel ist und selbst bloß auf die Tasten eines flachen Hexenapparats drückt. Sich das anzusehen ist, offen gestanden, langweilig, als schaute man jemandem beim Videospiel zu. Es ist die mechanisierte Flachbildschirmversion einer musikalischen Erfahrung. Warum aber macht es so viel Spaß? Warum fasziniert es uns so?

Weil man dabei sehr flexibel agieren kann, ganz klar. Alles kann in Klang umgewandelt werden, jeder einzelne in jeden beliebigen anderen. Wenn man der Klangwelt der Vögel mit den normalen Musikinstrumenten des Menschen nicht gerecht wird, warum alte Traditionen dann nicht mit unerwarteten und unbekannten Klängen konfrontieren, mit Tönen, die aus der Zukunft und aus der Vergangenheit kommen?

Während das alles geschieht, merke ich nicht, dass die Sonne aufgeht und das Licht für die Kamera besser wird, und während das Stück Gestalt annimmt, schwindet das Zwitschern des frühmorgendlichen Hintergrundchors aus meinem Bewusstsein. Der Rhythmus übernimmt die Führung, die Nachtigallen singen los und verstummen, und die Menschen sehnen sich nach dem Rhythmus. Er geht uns ins Blut mit seiner Ausgelassenheit.

Wie aber sieht es *im Bild* aus? In gewisser Weise gibt es nie etwas zu sehen. Elektronischer Klang ist ein Bereich unbegrenzter Möglichkeiten. Er ist überall und nirgends. Der weltweit auftretende DJ und Theoretiker Jace Clayton etwa beklagt, dass die jungen Leute überall, wohin er reist, sogar in abgelegenen Berber-Dörfern, dieselben Fruity-Loops- und Autotunes-Programme zum Bearbeiten ihrer Sachen verwenden. Die Technik begünstigt eine Gleichförmigkeit, die zur Bedrohung für die menschliche Originalität wird. Oder? Wer hätte gedacht, dass Animoog die perfekte iPad-App für das Spiel mit Zikaden ist und dass Samplr Flötentöne von Nachtigallen aufgreift und so verändert, dass sie wie Geheul von Eulen klingen? Den Erwartungen entzogen, findet die Musik mit diesen Tools in der Konfrontation mit Nachtigallen zu neuem Leben.

Trotzdem muss ich der Maschine widerstehen und zur Klarinette greifen, um wirklich zu spüren, dass ich im Kontakt mit der Nachtigall bin. Je aktueller das technische Hilfsmittel, desto schneller veraltet es. Je tiefer ein Musikinstrument in seiner Tradition verankert ist, desto eher wird der Musiker es als Teil seines Körpers und Geistes empfinden und entsprechend einsetzen. Doch ob Altes oder Neues, wenn wir offen dafür sind, bringen wir mit beidem Dinge hervor, die wir weder erklären noch vorhersagen können. Deshalb musizieren wir in diesen ungewohnten Konstellationen von Mensch und Tier und wagen es, die ausgetretenen Pfade zu verlassen.

Auf der Reise begegnen wir immer wieder unerwarteter Musik und unerwarteten anderen Vögeln. Ich kann sie nicht außen vor lassen, weil ich nur hinter dem Gesang der Nachtigall her bin, kann beispielsweise den Buschrohrsänger nicht übergehen, einen unglaublichen, unpassend benannten Vogel, gegen dessen unergründlichen Gesang sich das Lied der Nachtigall kümmerlich ausnimmt.

Jedes Mal, wenn ich nach Helsinki komme, statte ich dem Digelius einen Besuch ab, dem berühmten Plattenladen, gegründet von dem Pionier der elektronischen Musik Erkki Kurenniemi und heute geführt von «Emu» Lehtinen, dessen Spitzname sich seiner Begeisterung für Vögel verdankt – und für anspruchsvolle, leidenschaftliche und unpopuläre Musik. Kommst du zur Tür herein, ist er nie überrascht, dich zu sehen. Stets läuft gerade etwas Interessantes. «Ist es nicht herrlich!», sagt er mit erhobenen Händen. «Man kommt zur Arbeit, und kann Charles Gayle hören. Oder den Schwarzkehl-Krähenwürger!» Ebenso gut könnten die großen Naturmusikforscher Europas und der Welt durch diese Tür kommen, und wir wären nicht überrascht, liefen wir uns in die Arme.

«Du magst also Vogelgesang?», sagt Emu zu mir. «Dann solltest du dir mal den Buschrohrsänger anhören.» Von diesem Vogel hatte ich noch nie gehört (siehe Tafel 11 im Bildteil). Ich wusste zwar von den zahlreichen Studien zum Schilfrohrsänger, dem einzigen Vogel, über den gesichert ist, dass er mit lauteren, längeren und superkomplizierten Liedern seine Chancen bei Weibchen verbessert und den Heiligen Gral gesteigerter Paarungserfolge findet. Europäische Rohrsänger, die ebenso komplexe Lieder singen, haben allerdings nicht so viel Glück, der Sumpfrohrsänger etwa und der Drosselrohrsänger oder der Gelbspötter. Sie singen und singen, und dann singen sie noch weiter, und wir wissen nicht, warum. Es zeigt sich keine Korrelation zur Paarung.

Warum der Buschrohrsänger, dessen englischer Name *Blyth's reed warbler* ist. Wer war das? Nach Edward Blyth (1810–1873), dem Engländer, der nach Indien reiste und Kurator des Royal Asiatic Museum of Bengal in Kalkutta wurde, sind vier Vogelarten benannt, und die einzige, zu der es auf der Wikipedia-Seite über ihn keinen Link gibt, ist der *Blyth's reed warbler*, der Buschrohrsänger. «Was ist so besonders an ihm, Emu?»

«Oh, keine Ahnung, David, aber es ist mein Lieblingsvogel.» Wenn das von einem Meister der Weltmusik kommt, horche ich auf. Speichere die Information ab. Hoffe, eines Tages auf einen Buschrohrsänger zu stoßen und ihn singen zu hören.

Ville und ich fahren zwei Stunden nördlich aus Helsinki heraus, weil wir auf wirklich in der Natur lebende Nachtigallen hoffen, Vögel des tieferen Waldes, weit weg von der vorstädtischen Insel Lauttasaari, auf der die tobende Menge der Finnen und Ausländer und die Verkehrsgeräuschen dominieren. Wir sind um drei Uhr nachts auf, und die Wälder sind still, nirgends ein *satakieli* (finnisch für Sprosser) zu hören. Überhaupt kein Geräusch, bis gegen vier in der Nähe eines verlassenen Lagerplatzes mit rostenden Fässern und alten transportablen Saunen, Metallschrott und Weidendickicht eine sonderbare Kakophonie von Stimmen anhebt. Es scheinen drei oder vier Vögel zu sein, die da durcheinanderlärmen und -krakeelen, aufgeregt von einer Melodie zur nächsten springen. Ihre Musik lässt sich nicht beschreiben, es ist ein lautes Schwatzen, das einen aber nicht loslässt und dem ich mich mit der Klarinette anschließen muss.

Ein Schilfrohrsänger ist es nicht, auch kein Drosselrohrsänger. Könnte es der scheue Sumpfrohrsänger sein, der den Gesang afrikanischer Vögel nachahmt, den er bei seinem Zug ins Winterquartier gelernt hat? Nein, so weit nach Norden dringen diese Vögel nicht vor. Der Gesang ist so innig, dass es sich um eine Kolonie der nach Blyth benannten Buschrohrsänger handeln muss, um eine *Band* aus Blyth-Männchen; ein Weibchen ist nirgends zu sehen. Ein Sängerwettstreit ist es wohl nicht, was sie veranstalten, eher eine Jam-Session, an der sich alle beteiligen, damit der Tag beginnen kann.

Ich denke daran, dass der Sängerchor im Morgengrauen den Startschuss für die wunderbaren Klänge eines ganzen Habitats gibt und dass Vögel überall auf der Welt bei Tagesanbruch singen, obwohl wir den Grund dafür noch nicht kennen. Das hier ist kein gewöhnlicher Singvogel, sondern ein wahrer Komponist, der mit Melodien und Geräuschen experimentiert und eine Brücke zwischen der musikalischen Ästhetik des Menschen und der Vögel schlägt.

Das iPad erregt ihn ein bisschen und spornt ihn zu Innovationen an. Er pariert mit einer Melodie, macht eine Pause und wartet ab, was ich tue. Ich spiele auf einer *furulya*, einer kleinen bulgarischen Blockflöte, ähnlich einer Blechflöte, aber mit zwei Resonanzkammern, sodass man einen Brummton erzeugen oder in parallelen Sekunden Harmonien spielen kann, wie man sie vom Frauenchor des staatlichen bulgarischen Rundfunks zu hören bekommt. Einen Beinahe-Akkord könnte ein Vogel mit seinem Stimmkopf produzieren. Nach ein paar sporadischen melodischen Schnipseln beginnt der Vogel eine Melodie zu singen, die mich mit ihrem menschlichen Klang aber gleich fesselt. So etwas ist selten in der Welt der Vogelmusik, für diejenigen von uns, die einen Zugang dazu suchen, aber von besonderem Interesse (siehe Tafel 12 im Bildteil). Dum dum dum, dum dum dum, daaaah … Dum, dum, dum, dum dum, dum, daaaah …

Ruckzuck hat der Buschrohrsänger mir eine Melodie beigebracht. Mit ihrer kleinen None klingt sie sofort melancholisch, aber es ist nur ein Hauch, ein Anflug, hoffnungsvoll und rein. Vielleicht hören die meisten von Ihnen hier nichts Besonderes, mir gefällt es allerdings. Ich fühle mich bestätigt, so als wäre ich auf einmal irgendwo angekommen, hätte den musikalischen Raum zwischen Mensch und Tier betreten, den idealen Raum, zu dem ich immer unterwegs bin.

Ist das wirklich ein Blyth? Wie kann ich mir sicher sein? Ich kenne mich im Grunde bei Vögeln nicht aus. Aber heute gibt es Xeno-canto, ein von Amateurwissenschaftlern und Freiwilligen getragenes Web-Archiv, in das Hunderte ihre Aufnahmen von Vogelmusik einstellen, darunter etliche aus Zentralfinnland gepostete *dumetorum*-Tracks, also Aufnahmen von Buschrohrsängern. Das hilft mir schon mal, ich frage aber trotzdem auf Facebook herum. «Weiß jemand da draußen, ob das der nach Blyth bennante Buschrohrsänger ist?» Ein paar Tage lang sagt das niemandem etwas. Dann die Bestätigung. Der große englische Vogelstimmensammler Geoff Sample meldet sich. «Definitiv ein Blyth. Dieser Vogel tüftelt anspruchsvoll umgekehrte Rhythmen aus, während er seine Motive ausbreitet. Die Motive bestehen aus alternierenden Elementen: Auf eine perkussive Salve aus dichten und harmonisch reichen Noten mit großer Bandbreite folgt eine reiner gestimmte, geflötete Phrase; die Verbindung beider erzeugt einen ganz eigenen Rhythmus ... Der Buschrohrsänger ist ein Meister präziser Artikulation, ausgewogener Phrasierung und thematisch aufgebauter Variation. Vielleicht beruhen die Strukturen seines Gesangs ja auf einem simplen Muster, aber sollte das tatsächlich so sein, will ich es nicht wissen.»[38]

Ich frage ihn, ob uns kein besserer Name für diesen erstaunlich musikalischen Vogel einfällt. «Tja, bei den finnischen und estnischen Vogelbeobachtern heißen diese kleinen braunen Racker, die ständig durch das Dickicht sausen, ‹Schlangenvögel› – *madulinnud* – mangels genauerer Klarheit. Vielleicht können wir uns den Gesang des Vogels zum Vorbild nehmen und ihn *sisitschak* nennen.»

Sisitschak, sisitschak, sisitschak. Das gefällt mir. Auf Finnisch heißt der Buschrohrsänger *vittakerttunen*, auf Japanisch *schiberia joschikiri*, auf Polnisch *saroślówka*. Am besten ist der Name auf Faröisch: *kjarrljómari*. Die Sprache nähert sich Musik, wenn ihr mannigfaltiges Geplapper zu Widerhall wird.

Emu, ich wünschte, ich könnte dir die Aufnahme vorspielen, schließlich warst du es, der mich auf die Spur dieses Vogels gesetzt hat. Mögest du in Frieden ruhen.

Naturklangforscher verkürzen die Aufnahmen eines ganzen Tages manchmal auf eine Stunde, in der sie die Entwicklung der verschiedenen Klangfolgen über vierundzwanzig Stunden hinweg getreu abbilden, auch wenn sie die Ergebnisse beschleunigen. Auch als Messiaen auf dem Klavier die in einem Habitat vorgefundenen Spezies nachahmte, ging es ihm darum, ökologische Treue und Respekt für das Miteinander heimischer Spezies zu verbinden. Es wurden schon Ozelots verlangsamt und in Jaguare verwandelt oder Buckelwale im Ton herabgesetzt, weil ihr realer Klang schriller und höher ist, als wir es bei Walen haben wollen. Bei Naturklangaufnahmen verwenden wir wie überall sonst im Leben Effekte und Stereotype. Man sollte das beklagen, es wird aber dennoch oft genutzt und ausgeschlachtet.

Mit unseren Maschinen und unseren Träumen streifen wir durch den Park. Ich könnte noch endlos weiter darüber schreiben, was das bei mir auf meiner donquichottischen Suche auslöst. Aber das will ich nicht mehr. Ich begreife allmählich, dass es mir mehr Freude macht, andere auf die Reise mitzunehmen – entweder ein Aha-Moment, eine Aha-Phase des Lebens oder schlicht ein Zeichen von Erwachsenwerden. An der Stelle lieber noch ein paar hilfreiche Tipps für diejenigen, die sich mir anschließen wollen:

ELF WEGE ZUR TIERMUSIK

1. Vergessen Sie den Namen des Vogels, den Sie hören. Es spielt keine Rolle, ob es ein Kardinal ist (*peo peo peo peo*), ein Weißkehlsperling (*old sam peabody peabody peabody*) oder eine Wilsondrossel (*wheeoo wheeoo wheeoo*). Lauschen Sie einfach jedem Lied wie einem Wunder, das Sie noch nie gehört haben.
2. Lassen Sie vor allem Stille zu und Raum. Werden Sie selbst ein namenloser Vogel, der seine Musik in die Klanglandschaft einbringen will.
3. Wenn ein Erlebnis mit der Musik eines Vogels Ihre Musik nicht verändert hat, haben Sie nicht lange genug zugehört. Probieren Sie etwas Neues aus, was keine Spezies allein zustande bringen könnte.
4. Sie sind nicht der Mittelpunkt Ihres Konzerts, sondern nur ein Musiker in dem Ensemble. Sie brauchen sich nicht für das Ganze verantwortlich zu fühlen. Seit Tausenden von Jahren machen Menschen bereits diesen Fehler. Sie können das ändern.
5. Denken Sie daran, es ist die älteste Musik, die wir kennen. Sie ist Millionen von Jahren älter als unsere Spezies. Irgendetwas daran muss richtig sein, wenn sie schon so lange existiert. Lernen Sie von diesem Richtigen.
6. Die Tatsache, dass Menschen seit Tausenden von Jahren der Frage nachgehen, was am Gesang der Vögel musikalisch ist und was nicht, ändert nichts daran, dass es schwer in Worte zu fassen ist. Es ist noch immer unbegreiflich. Arbeiten Sie mit diesem Unbeschreiblichen, suchen Sie den Kontakt zu diesem anderen, auch wenn Sie wissen, dass Sie es niemals vollkommen verstehen werden.

7. Wissenschaftler sagen uns, Vögel interessierten sich nur für den Gesang ihrer eigenen Spezies und schenkten anderen keine Beachtung. Sie sehen es, wenn sie darauf achten, welche ihrer Gehirnareale beim Hören aufleuchten. Wir als Zuhörer hören aber anders. Diese Tiere stellen sich genau auf Klänge ein. Alle mögliche Töne in ihrer Umgebung finden ihre Aufmerksamkeit.
8. Warum singen Vögel meistens im Morgengrauen? Das geschieht weltweit, aber auch nach den Tausenden von Jahren, die wir dieses Phänomen bereits beobachten, kennen wir den Grund dafür nicht. Wir können andere Spezies nicht bitten, sich zu erklären, da wir mit Vögeln nicht Sprache gemeinsam haben, sondern Musik. Musik ist nicht dafür da, entschlüsselt zu werden. Wir und die Vögel sind dafür da, welche zu machen. Machen Sie die Musik gemeinsam, und die ganze Welt spürt ihre Kraft, ihre Freude.
9. Wenn Sie einen Groove oder Bass hinzufügen, dann behutsam. Ist ein repetitiver Grundton vorhanden, wirken alle Höhenflüge der Phantasie logisch. Aber hüten Sie sich, einer Phrase eine Bedeutung zuzuschreiben, die sie vielleicht nicht hat.
10. Wer weiß überhaupt, was Musik bedeutet, sei es von Menschen oder von Vögeln gemachte? Es ist das Wesen der Vögel zu singen. Wir sind ebenso. Es gibt so viel Musik auf der Welt, und unsere Sehnsucht danach bleibt ewig ungestillt. Wir hören weiter zu und lieben sie.
11. Die Welt braucht nicht noch mehr Musik. Sie braucht nicht mehr von uns. Trotzdem machen wir weiter, und je mehr wir den anderen da draußen zuhören, desto eher machen wir vielleicht Musik, die so unverzichtbar wie das ist, was Vögel seit Millionen von Jahren singen.

9 GEFEIERT VON ALLEN

Jahrelang habe ich die speziesübergreifende Musik im Wesentlichen allein gemacht, habe mich als jemanden gesehen, der als Einzelforscher seine musikalischen Vorstellungen mit Geschöpfen verwirklichen will, mit denen wir nicht einmal sprechen können. In letzter Zeit sehe ich den Sinn des gemeinsamen Musizierens mit anderen Spezies allerdings eher darin, andere zum Mitmachen zu animieren. Und da ich dieses Jahr nun den Nachtigallen von Berlin begegne, lade ich die besten und kühnsten Musiker, die ich kenne, zur Zusammenarbeit unserer Spezies mit ihrer ein.

Die Nachtigallen werden mir helfen, den vollkommenen Klang zu finden. Sie werden mich zu ihm führen. Dieses Mal werde ich den Weg ohne die richtigen Begleiter, ohne verwandte Geister und Freunde nicht finden. Ich und viele andere träumen von einem engeren Zusammenleben von Menschen und Natur. Wir wissen, unsere Spezies erwärmt den Planeten bis zur Unkenntlichkeit, und das könnte das Ende unserer Herrschaft über die Erde zur Folge haben. Doch noch gibt es Momente, in denen Menschen durch die Klänge in unserer Umwelt Kontakt zur Natur aufnehmen können, wenn wir zusammen mit den Nachtigallen in Berlin musizieren. Der Weg zur Tiermusik beginnt vor unserer Haustür.

Bernie Krause würde sie vielleicht als «Stadtvogel-Hypothese» bezeichnen, die Annahme, dass Nachtigallen *gern* dort leben, wo sie von menschlichen Geräuschen umgeben sind. Es hat sie nicht einfach bloß hierher verschlagen, nein, sie haben unsere Nähe gesucht. Der eine Vogel sitzt immer noch auf der Straßenlaterne an der lautesten Ecke von Treptow, an der Kreuzung von Eisenbahnstraße und Puschkinallee, unweit der S-Bahn-Haltestelle zum Park, wo die meisten seiner Mitstreiter sind. Er hängt an dieser Gegend; entweder sind an die Stadt gewöhnte Weibchen in der Nähe, oder er ist dazu bestimmt, wieder und wieder zu scheitern. Vielleicht wird sein Gesang deshalb immer besser.

Ich teile Krauses Ansicht, dass die Menschen den immensen Reichtum natürlicher Klanglandschaften zerstören. Gleichzeitig aber schaffen wir neue, speziesübergreifende Klanglandschaften. Ich würde zwar nicht behaupten wollen, sie wären besser als das, was die Natur uns bietet, aber diese Entwicklung ist wohl unausweichlich. Wir sind jedoch nur flatterhafte, nervöse und unstete Vögel, pfuschen herum, erzeugen Stückwerk, unternehmen verzweifelte Vorstöße, um in Kontakt mit der ewigen Natur zu kommen. In der Großstadt kann das in einer Natur geschehen, der neue Kräfte zuwachsen. Die Nachtigall singt: «Ich bin ein Berliner», und wir brauchen es nicht beim Lächeln zu belassen. Wir müssen uns anschließen.

Ich höre gern zu, wenn verschiedener Musiker zum ersten Mal auf den Gesang der Nachtigall antworten. Nachdem ich nun seit Jahren mit ihnen spiele, frage ich mich manchmal, warum ich es weiter mit Musikern tue, mit denen ich nicht sprechen kann, die ein anderes Leben führen als Leute, die bei einer Band mitmachen. Kritiker halten mein Tun für Selbsttäuschung und meinen, ich drängte mich den Vögeln auf, mischte mich in die Welt ihres vollkommenen Klangs ein, doch jedes Mal, wenn ich einen neuen Kollegen zum Musizieren mit den Nachtigallen in Berlin mitnehme, wird mir der eigentliche Antrieb für mein Tun wieder klar. Wir empfinden alle so viel Freude und Hoffnung, wenn Musik Bedeutung über Speziesgrenzen hinweg transportieren kann.

Nicht jeder Musiker passt in so eine Konstellation, aber ich habe besondere Menschen gefunden, die es tun. Zuerst denke ich da an Korhan Erel, dem vor einem schwer erklärbaren Projekt nie bange ist. Ihm war auf Anhieb klar, dass das Musizieren mit Nachtigallen eine Herausforderung ist, weil ihre Musik uns unbekannten Regeln und Kriterien folgt.

Erel, der sich nicht Nachtigall nennt, sondern kämpferischer Nachtvogel, habe ich für das Musizieren mit Nachtigallen gewonnen, als ich in dem kleinen Neuköllner Club Sowieso seine bemerkenswerten Improvisationen auf dem Computer hörte. Im Laufe der letzten Jahre hat er seinen Wohnsitz von Istanbul nach Berlin verlegt, eine Reise, die nicht immer leicht ist. Deutschland ist zwar berühmt für seine Offenheit gegenüber Geflüchteten, nach wie vor aber misstrauisch, wenn Musiker, die sich nicht einordnen lassen, permanent in Berlin leben wollen.

Erel unterscheidet sich durch seinen Sinn für gestalterische Ausgewogenheit von vielen anderen Experimentalmusikern der Stadt. Ein Grund dafür mag seine jahrelange Tätigkeit in der Geschäftswelt sein. Dorthin will er zwar nicht zurückkehren, aber es war eine Schule im Erkennen des Machbaren. Er organisiert Konzertreisen, Festivals und Events und weiß, wie man etwas auf die Beine stellt. Sein Bekanntheit als Musiker wächst, und er ist stets aufgeschlossen für neue Projekte, darunter auch ein Trio namens The Liz, bestehend aus zwei Frauen und einem Mann (Korhan), die sich alle «Liz» nennen und, verkleidet als alte ägyptische Göttinnen, ein ausgedehntes neopharaonisches Ritual – das Buch der Vögel – aufführen. Warum er sich für die Musik der Nachtigallen interessiert, erklärt Korhan so:

> Manche Nachtigallenlieder regen mich an: ihre Rhythmen, die plötzlichen Wechsel, ihre Sprünge von dem einen zu etwas völlig anderem, ihr Tempo. Sie sind sehr musikalisch, aber nicht im Sinne unserer Hörgewohnheiten. Ihr Gesang ist nicht melodisch, könnte aber so etwas wie algorithmische Musik sein, wie generative Musik, produziert von Algorithmen, so unvermittelt sind die Wechsel machmal. Da der Großteil der Musik, die ich spiele, von anderen als willkürlich wahrgenommen wird, macht mich das wohl auch zur Nachtigall. Andere kapieren es nicht immer. Sie halten meine Musik für beliebig.

Erel arbeitet schon seit Jahren mit dem QuNeo, einem von Keith McMillen entwickelten elektronischen «Instrument», das iPad-groß und mit sechzehn jeweils an fünf oder sechs Punkten berührungsempfindlichen Gel-Pads und 9 Schiebereglern ausgestattet ist, mit denen man elektronischen Sound in feinsten Nuancen erzeugen und abstimmen kann. Die integrierte Einheit, auf der er spielt, wenn er den Controller an seinen mit Synths, Samples und Effekten vollgestopften Computer anschließt, nennt er Omnibus. Es ist eine rätselhafte persönliche Technik-Konstellation, die nur er versteht. Sie entwickelt sich von Jahr zu Jahr weiter, und er benutzt heute vermutlich schon ein völlig anderes Setup. Er komponiert und improvisiert gemeinsam mit anderen, da das Ensemble um beliebige Instrumente erweitert werden kann. Zeitweise sampelt er die von anderen Musikern gespielten Sounds, dann wieder bringt er nur seine eigenen mit. In gewisser Weise musiziert man mit ihm so ähnlich wie mit einer Nachtigall: Man nimmt die Ordnung der Klänge wahr, weiß aber nicht genau, was vor sich geht.

Das Album mit Duetten, das wir zusammen aufgenommen und 2015 unter dem Titel *Berlin Bülbül* herausgebracht

Abb. 12: Korhan Erel.

haben, ist ein Vorläufer des Projekts Nachtigallen in Berlin. *Bülbül* bedeutet in vielen Sprachen des Mittleren Ostens «Nachtigall», und dieses gemeinsame Projekt war der Beweis dafür, dass man zu zweit mit Nachtigallen interessante Musik machen oder die Art und Weise ihres Zusammenspiels nachahmen kann. Wir haben es am Borusan Culture and Arts Center in Istanbul vorgestellt, wo das Zusammenwachsen von Klangkulturen den Beifall des Publikums fand.

Wenn Erel im Freien live mit Vögeln spielt, bringt er keine vorweg aufgenommenen Klänge mit. Die Aufführung entwickelt sich aus dem Sampling der anwesenden Vögel, in eine neue Cut-and-Paste-Musik umgewandelt, zu der er selbst weiterspielt. Er hat diese Methode selbst entwickelt, und ich habe sie von ihm übernommen und verwende sie manchmal allein, nur mit der Klarinette wie auf den Aufnahmen aus Helsinki. Ich fühle mich allerdings wohler, wenn er es tut, da er diese Sprache kennt und die technischen Geräte, mit denen er seine musikalischen Ideen über die Grenze des Erwarteten und Bekannten hinaus vorantreibt, aus dem Effeff beherrscht. Warum sein experimentelles Gewirbel und meine Klarinette manchmal ein so gutes Gespann abgeben, erklärt er so:

> Wir spielen nicht besonders dicht. Ich verwende im Grunde keine Avantgarde-Klänge, und unser Duo klingt nicht besonders abstrakt. Das gefällt mir. Deine Klarinette bricht die Abstraktion auf, und es entsteht eine gute Mischung zwischen Sonderbarem und nicht so Sonderbarem. Das hält mich in der Spur. Ich könnte richtig verrückt spielen, tue es aber nicht. Sicher, wer an Tanzmusik denkt, wenn er hört, ich spiele elektronisch, ist vielleicht enttäuscht, weil er nicht weiß, was er damit anfangen soll. Aber wir finden mit unserer Musik einen guten Mittelweg.

Der Omnibus funktioniert im Studio, und wenn ich mit meiner Klarinette dazukomme, stelle ich mir vor, wie Nachtigallen miteinander singen. Unsere Studiostücke enthalten keine Samples von echten Vögeln, sind aber deutlich davon beeinflusst, wie wir in der Natur mit Nachtigallen musizieren. Ihre Musikalität hat uns verändert, und das lässt sich nicht rückgängig machen. In der Natur spielt Erel mit einem iPad ohne vorher aufgespielten Sound und benutzt eine intuitive App namens Samplr, die weder Worte noch Anweisungen enthält und Klänge auf eine Weise gestaltet, die man nur in der Praxis und durch Üben lernt wie jedes Musikinstrument. Er stachelt den Vogel dazu an, indem er ihm seine eigene Musik, verzerrt und verwandelt, zurückspielt.

Das erste Zeugnis unserer Kooperation erscheint auf *Berlin*

Bülbül als «Dark with Birds and Frogs», die Aufnahme unseres ersten Livekonzerts mit einem Vogel im Mai 2014, am Jahrestag des Kriegsendes in der in Kapitel 1 geschilderten Nacht. Ein Jahr nach den Vorwürfen, denen wir uns seitens der Wissenschaftler ausgesetzt sahen, spielen wir hier zusammen mit demselben Vogel, einem ganz besonderen, der alle Jahre wieder zu demselben Baum kommt. Derselbe Vogel erscheint auf Silke Kippers Karte zu den Nachtigallenrevieren, von ihr mit «Nummer 7» bezeichnet, und es ist auch der Vogel, mit dem Lucie Vítková und ich 2015 gespielt haben. Ich mache mir zwar immer noch Gedanken, ob ich Kippers Forschung störe und den Vogel verderbe, aber: Wir sind in Berlin – er hat schon so vieles gehört. Damals stand sein Baum vor einem steingesäumten Froschteich, der im Zuge der «Umgestaltung» des Treptower Parks entfernt wurde. Ich bin mir nicht sicher, zu welchem Baum unser Männchen im nächsten Jahr zurückkehren wird, aber ich glaube nicht, dass es sich von einem kleinen Brückenbauprojekt abschrecken lässt.

Auf der Aufnahme dieses Livekonzerts, das vor Publikum gegen Mitternacht stattfand, schwirrt die Nachtigall mit ihrem Gesang um und durch Samples und Transpositionen ihrer selbst, und sie hat gerade ihren berüchtigten Summton hören lassen, als die Frösche in Aktion treten. Erel sampelt auch sie, und die gesamte klangliche Umgebung wird zum Rohmaterial für einen Rhythmus, dessen Zustandekommen wir im Rückblick nicht mehr exakt nachvollziehen können. Das gefällt mir. Aber es sei mir fern zu behaupten, das sich wüsste, ob die Musik, die wir mit Vögeln machen, überhaupt etwas taugt.

«Schön, Korhan, nun erzähl mir mal etwas über diesen einen besonderen Ton, den der Vogel produziert.»

«Das war der *Buri*-Ton. Das ist der magische Moment, der die Weibchen verrückt macht. Wenn ich den meiner Frau vorspiele, sagt sie: ‹Willst du mich veralbern?›»

In Kippers ausführlicher Analyse des Nachtigallensummens kommt er vor, der bekannte, rau schabende Ton. Das ist er, der *Buri*.

«Klingt er hässlich?»

«Schön, hässlich, das sind alles menschlichen Erfindungen. Solange wir noch nicht wissen, wie wir mit den Nachtigallen sprechen sollen, sind sämtliche Schlussfolgerungen, die wir aus ihrem Verhalten ziehen, Blödsinn. Sorry, Wissenschaftler. Ich glaube nicht, dass wir überhaupt Schlussfolgerungen ziehen müssen; wir sollten uns einfach an ihrem Gesang freuen. Wir bekommen mehr Material von dem Vogel, als wir ihm geben.»

«Er ist nicht auf uns angewiesen, seine Art existiert seit Millionen von Jahren, und das ziemlich gut.»

«Den Berlinern gefällt diese Musik, aber sie gehen nachts lieber in die Clubs, nicht in Parks. Auch wenn man im Treptower Park oder in der Hasenheide selten allein ist …»

Korhan Erel spricht mit Bestimmtheit und freiheraus, klingt aber auch etwas gereizt. Ich frage ihn, wo er sich in fünf Jahren sieht, und er sagt: «Bis dahin hoffe ich ein eigenes Festival zu haben.» Und dann, halb im Scherz: «Ich bin noch nicht berühmt genug.» Dieser kämpferische Nachtvogel setzt sich zur Wehr. Erel kämpft für seine Musik, seine Denkweise, für sein Recht, Make-up zu tragen und sich als Liz Erel zu kleiden, wenn ihm danach ist. Berlin ist seine Stadt, genau hier möchte er sein. Einen besseren musikalischen Begleiter könnte ich beim Musizieren mit einer Nachtigall nicht haben, denn er spielt ein undefinierbares Instrument. Er erweckt mit den Fingerspitzen Maschinen zum Leben und hat keine Angst vor bisher ungehörten Klängen. Er ist bereit, von einem Vogel zu lernen, der Töne hin und her wendet, und das schon länger, als unsere Art existiert. Ehrfurcht und Respekt sind Grundvoraussetzungen, um so etwas zu tun, es gehört aber auch Mut dazu, sein Leben auf Klang zu bauen. Sich einzulassen.

Korhan Erel kann aber auch ohne technisches Gerät. Er ist der Typ Mensch, der mit Pfeifen eine still im Gebüsch sitzende Nachtigall zum Mitsingen animiert. Als es in einer kalten Aprilnacht danach aussah, als bekämen wir nichts zu hören – hundert Enttäuschte standen um uns herum und warteten –, schaffte er es, unseren Vogel noch einmal auf einen Ast zu locken. Das Konzert konnte stattfinden. Manchmal ist Nachahmung die höchste Form, Vögeln zu schmeicheln.

Ich muss mich dafür entschuldigen, dass ich kurz vor Ende dieses Buchs so viel europäische Poesie zitiere, wenn es doch Persien ist, wo «Nachtigall» stets der Ehrentitel großer Musiker war. Noch im heutigen Iran ist die Poesie für die Menschen ein Lebensmittel, obwohl die Regierung sich bemüht, sie unter Kontrolle zu halten. Unser Vogel bleibt das Symbol für die Liebe, von der so viele Verse dieser Nation erfüllt sind:

In dem Genuss der Rose
Erfreue dich o Nachtigall!
Denn mit verliebten Klagen
Erfüllest du allein die Flur.

Die Heilung meines Herzens
Sey deinen Lippen heimgestellt,
Die Kräfte des Rubines
Sind deinem Schatze anvertraut.

Zwar bin ich nicht imstande
Dir körperlich zu nah'n,
Doch bleibet meiner Seele
Der Staub der Schwelle deines Thors.

Ich spende nicht an jedes
Verliebtes auch mein Seelengold,
Dein Siegel und dein Zeichen
Sind meinem Schatze aufgedrückt.

Hafis, du bist seit Hunderten von Jahren der bekannteste Dichter der Welt. Deine Kultur atmet die Kraft großer Poesie. Unerschrocken sprichst du dich aus, kündest von der Macht der Sinne wie vom Lied der Nachtigall, das uns so fern und doch so nahe ist. Der Dichter ist ewig, seine Kraft unerschöpflich. Die Rose seines Verlangens wird welken und vergehen, sie kann uns jederzeit stechen. Die Launen der Liebe und ihre unwiderstehliche Anziehung. Die Nachtigall ist eine zentrale Metapher der persischen Dichtkunst, an deren unaufhörliche Liebe, Leidenschaft und Hingabe wir Menschen nur im Traum rühren.

Hafis besingt jedoch auch die Trunkenheit, die Verführung, den Genuss, etwas, wofür wir uns, wie häufig gemahnt wird, schämen sollten. Die Nachtigall seiner Gedichte weiß, wie man feiert.

Erblüht ist die Rose
und die Nachtigall ist trunken,
kommt, Sufis, kommt,
die ihr dem Weine huldigt!
Das Fundament der Reue,
in seiner Festigkeit

dem Steine gleichend, – sieh,
wie der kristallene Becher
es mühelos zerbricht!

Cymin Samawatie erzählt mir, es hätte in Berlin eine Zeit gegeben, in der Menschen, wenn sie den Tod vor Augen hatten, darum baten, nachts auf die Straße getragen zu werden, damit sie noch ein letztes Mal eine Nachtigall singen hören konnten. Mit der Kraft seiner zahllosen Lieder setzt sich dieser Vogel überall durch, was wir auf der Welt auch anstellen, singt umso lauter, je mehr wir seine Umwelt mit unserem Lärm erfüllen. Er ist das lebende Symbol einer widerstandsfähigen Natur, die den Schlichen, Tricks und Idiotien von uns Menschen Paroli bietet.

Samawatie ist eine der ungewöhnlichsten Musikerinnen von Berlin. Als Sängerin gleichermaßen versiert in persischen Oden und in Jazzstandards, wuchs sie in Deutschland als Tochter von Eltern auf, die im Iran geboren wurden und dafür sorgten, dass sie das Beste aus beiden Kulturen kennenlernte. Samawaties Lyrik erscheint mal auf Farsi oder Arabisch, mal auf Englisch, Deutsch oder Hebräisch, je nachdem, wo sie wann gerade lebt. Sie legt bei allem, was sie tut, großen Wert auf Selbstbestimmung. Sollte sie jemals in ihr Heimatland zurückkehren, wird man sie dort ebenfalls als Nachtigall rühmen.

Als eine von wenigen Künstlerinnen ist sie von sich aus in die Firmenzentrale von ECM Records hineinmarschiert und hat Manfred Eicher, dem legendären Produzenten des Labels, mitgeteilt: «Man sagt mir immer wieder, ich sollte Aufnahmen für Sie machen.» Seitdem hat sie mit ihrer Band Cyminology drei Alben bei dem berühmten Label herausgebracht.

Ich habe sie schon in verschiedenem Rahmen, auf verschiedenen Bühnen und in Parks singen hören, immer wunderschön und gekonnt, ob im Treptower Park, im Viktoriapark oder im Park am Gleisdreieck. Im Iran, ihrem Heimatland, in dem Frauen nicht für Männer und nicht in der Öffentlichkeit singen dürfen, darf sie nicht auftreten. Heimlich wird sie dort aber trotzdem gehört. Die Iraner wissen, dass interkulturelle Schönheit möglich ist. Nationen wollen zwar darüber entscheiden, was erlaubt und was verboten ist, können die Nachtigallen aber nicht daran hindern, die Grenze einfach zu überfliegen. Sie können auch Menschen nicht daran hindern, mit Nachtigallen zu musizieren, wenn sie es wollen. Trunken von Nachtigallen und Wein, fährt Hafis fort:

> Der Rang der Liebe
> ist ohne Leid nicht zu erwerben;
> Erfüllung wurde mit Prüfung
> von Anfang an verbunden!
> Herz, hadere nicht um Vorteil und Verlust,
> denn schließlich ist es doch das Nichts,
> das uns am Ende jeden Wegs erwartet.

Ich habe Wissenschaftlern geholfen, der Bedeutung des Nachtigallengesangs mit Zahlen und Berechnungen auf die Spur zu kommen, und wusste doch die ganze Zeit, dass so ein Bemühen töricht ist. Wenn die Wissenschaft es aber nicht zu ergründen versucht, was kann sie dann überhaupt leisten? *Warum* singen Vögel ihre unübertrefflichen Lieder nachts? *Wie* finden wir heraus, welches das beste Lied der Nachtigall ist? Jede einzelne menschliche Stimme, die Nachtigallen nachahmt, macht mit ihrer eigenen onomatopoetischen Auswahl etwas von der Schönheit und Ordnung ihres Gesangs sinnfällig.

Mir ist nicht bange davor, Gesangsphrasen zu zählen und

Abb. 13: Cymin Samawatie.

zu analysieren, und ich sample die Nachtigall auf meinem kleinen Bildschirm und baue meine Ausschnitte aus ihren kraftvollen Liedern in vereinfachte, für Menschen nachvollziehbare Rhythmen ein. Noch lieber höre ich aber Samawatie zu, wenn sie die Worte von Saadi singt, der die Nachtigallen auf den Bäumen auf seine Weise ehrt.

> Ich hörte die Stimmen der Nachtigallen von den Bäumen
> und der Rebhühner von den Bergen
> und der Frösche aus dem Wasser
> und der Tiere aus dem Walde ertönen;
> da bedachte ich, dass es eines Menschen nicht würdig sei,
> während alle Wesen sich zum Preise Gottes regen,
> sich gedankenlos zum Schlafe niederzulegen.

Es sang ein Vogel so am vor'gen Morgen,
Dass ich Besinnung und Verstand verlor.
Von ungefähr drang dem vertrauten Freunde
Mein liebetrunknes Schreien an das Ohr.
Er sprach: Kann ich es glauben? bringt die Stimme
Des Vogels die Verzückung dir hervor?
Nicht ziemt's dem Menschen, sprach ich, dass er schweige,
Indes dem Herrn lobsingt der Vögel Chor.

Der Gesang der Nachtigall klingt durch die Jahrhunderte nach, Beschwörung und Rätsel, Ursprung der Musik und des Lebens selbst. Wir sollen nicht stumm bleiben vor dieser Musik der Vögel. Wie das aber tun, nicht stumm bleiben, wenn die *Bülbüls* der Welt lobsingen? Die anderen Vögel beginnen mit ihrem Gesang gemeinsam im Morgengrauen, nachdem die Nachtigall allein uns die ganze Nacht hindurch vorbereitet hat.

Im Park am Gleisdreieck singt Samawatie um Mitternacht leise noch einige andere alte Worte von Saadi:

O Nachtigall
Du bist in eine Blume verliebt –
Ich in einen Mann.

Ich greife nach der Klarinette, will selber wieder Vogel werden. Vielleicht ist das sogar leichter, als menschliche Musik zu spielen, denn diese Lieder der Evolution strömen seit Jahrmillionen durch unsere DNA, taten es, lange bevor unsere Spezies auf dem Planeten erschien. Der futuristische elektronische Gesang der Vögel steigt aus den Tiefen unserer Vergangenheit auf. Samawatie singt weiter:

Wann war es mit der Güte aus? Was ließ
Vergehn die Süße unserer Stadt?

Leise schickt ein Ensemble von Menschen sich voller Ehrfurcht und doch mit wachsender Zuversicht an, die Speziesgrenze zu überschreiten. In Berlin ist all das tagsüber oder nachts im Frühling jederzeit möglich, wenn die Wälder erfüllt sind von Gesang.

Der Ball der Freigiebigkeit
Liegt vor aller Augen auf dem Feld –
Kein Reiter kommt, ihn zu schlagen.

Es sollten noch mehr von uns diesen Weg über den Mythos von der Nachtigall hinausgehen, die sich aus Liebe mit dem Dorn einer Rose tötete. Es genügt nicht, den Gesang der Nachtigall erst zu suchen, wenn es Zeit ist zu gehen. Das Außergewöhnliche des Moments und des Klangs verleiht uns mehr Lebendigkeit. Darauf will Hafis hinaus, wenn er glaubt, die Nachtigallen seien trunken, und das ist Saadi bewusst, wenn er die Gemeinschaft sucht. Ich frage mich, was für Musik er ihnen vorgesungen haben mag.

Mitten in New York hörte ich einmal bei einem Konzert ein Lied, das viele Momente der Stille enthielt, ein wunderschönes Stück. Die in Estland geborene Sängerin Lembe Lokk lebt unweit von Paris in einer Stadt an der Seine. Sie hat Gedichte auf Französisch, Englisch und Estnisch veröffentlicht und tritt schon ihr ganzes Leben lang in verschiedenen Rollen auf: als Madame Rouge, Lemmbe, Gjaàr. Sie ist auf Entdeckungsreise zwischen Identitäten und Kulturen, Ländern und Musikrichtungen, ein nordischer Zug, aber auch wieder nicht.

Als ich Lembe singen hörte, wollte ich gleich, dass ihr Lied nachts in Berlin gesungen wird, mit Nachtigallen:

Langsam träumend
Hör ich klare Stimmen
Im eilig hingeworfnen
Lebewohl

Mein Herz
ist ruhig

Dunkler Sturm wird weiß
Scharf auffrischender Wind
wird wehen

Langsam träumend
Der Winter braucht mich jetzt
Die Nächte lang, Heilung
so fern

Ich laufe durch Luft
Der Morgen braucht mein
Gehen

Träumend langsam
Mein Geist sitzt da
Meine eisig dampfenden Spuren
im Schnee
eine Flamme

Feuerwerk des Frühlings
Spiegel der Worte
zu zeigen

Abb. 14: Lembe Lokk.

Ich fragte Lembe, wovon dieses Lied handelt.

«Das habe ich vor zehn Jahren in Paris geschrieben, für eine Session in Berlin. Ich dachte über den ganzen Klimawandel nach, Wind, Temperaturen, die Auswirkungen auf die Erde. Jedes Mal, wenn ich es singe, versetzt es mich nach Hause zurück, nach Estland, in die kalten frostigen Weiten, und ich sehe im Geiste die estnischen Winterlandschaften mit den Eis- und Schneemassen vor mir. Einmal, während einer Tour durch Estland, überquerten wir das Meer im allerletzten Moment, als der Highway über das Eis gerade noch geöffnet war. In Estland fahren wir im Winter über das zugefrorene Meer. Hier kann man sich das vielleicht nicht vorstellen, aber so ist es, und an dem Tag, als wir weiterfuhren, wurde die Straße übers Eis gerade geschlossen. Ich habe riesige Eisblöcke gesehen. Die Straße war kurz vorm Aufbrechen, aber wir haben es geschafft.»

Allmählich leuchtete es mir ein, ich nickte. «In diesem Lied gibt es reizvolle Pausen zwischen den einzelnen Phrasen. Wie war es, diese Leerstellen mit den Liedern von Nachtigallen zu füllen?»

«Es war auf eine Art, als würde ich fliegen. Das ist das erste Mal, dass ich überhaupt mit Vögeln gesungen habe, und speziell mit Nachtigallen. Zuletzt meint man wirklich, man würde fliegen. Es ist so eigenartig, wenn man ihnen von unten zuhören will, dass man bei dem Lied sehr aufpasst, und zum Schluss, wenn man richtig reinkommt, fühlt es sich an, als flöge man.»

«‹Langsam träumend›, was bedeutet das?»

«Kann man schnell träumen?»

Interessiert das die Nachtigallen? Hören sie zu? Bleiben sie dieselben, oder bewirkt es bei ihnen etwas, wie es das bei Menschen tut, wenn sie mit ihnen musizieren? Saadi beschwört uns, nicht stumm zu bleiben bei ihrem schönen Gesang zur Mitternacht. *Nicht ziemt's dem Menschen, dass er schweige, indes dem Herrn lobsingt der Vögel Chor.*

Er müsse Dichter sein, sagt Saadi als Antwort auf die Hingabe der Vögel. Wir jedoch, wir Nachtigallen-Musiker, begreifen den Vogel als unsere Muse und unseren Partner, und wir suchen nach Wegen, Kontakt zu ihm herzustellen. Darüber schreibe ich in Bezug auf verschiedene Tiere – Vögel, Wale, Käfer – seit Jahren, und manchmal entsteht der Eindruck, als wähnte ich mich allein mit ihnen, aber so ist es nicht, niemals. Und so sollte es auch nicht sein. Naturmusik entfaltet ihre Kraft, wenn wir andere mit uns mitnehmen, wenn die Musik Zuhörer ermuntert, ihnen das Wunderbare im Hier und Jetzt aufzeigt, es sie ihre Gegenwart hören lässt, deren Klängen man überall lauschen kann.

Der Viktoriapark gehört zu den eigenartigsten Grünanlagen von Berlin und rühmt sich des größten künstlichen Wasserfalls der Stadt, der über mehrere Stufen von den Hängen des Kreuzbergs herabfließt. Im baumreichen oberen Abschnitt des Hangs leben die virtuosesten Nachtigallen Berlins, und wir hatten in einer überraschend kalten Nacht Anfang Mai das Glück, auf eine zu stoßen. Die finnische Geigerin Sanna Salmenkallio lauschte ihrem Flöten und führte dazu behutsam den Bogen, als der Sänger während ihrer gleichmäßigen Töne plötzlich in eine andere Tonhöhe wechselte. Wird die Geige so gekonnt gespielt, eignet sie sich zum Mitswingen vielleicht noch weit besser als die Klarinette.

Nach einer ersten Runde musikalischer Phrasen kommt Lembe mit geigenähnlichen wortlosen Keuchtönen dazu. Unsere Nachtigall singt mit Eifer, unermüdlich und fest. Ich stimme als Dritter ein, verblüfft von der Fülle klanglicher Möglichkeiten, die sich eröffnet, und treibe meine kreischenden Töne bis an die Grenze des Animalischen. Wieder wäre ich zu gern ein Vogel. Nachdem ich vieles herausgelassen habe, gehe ich zu leisen, arpeggierten Molltönen über. Suche eine Melodie, ein Zuhause.

Anfangs habe ich Zweifel, ob wir drei alle auf einmal mit ihm musizieren können. Als wir uns schließlich darauf einigen, gehen wir weit über das Liebliche hinaus, japsen und heulen, holen als Menschenvögel das Letzte aus uns heraus. Bei der Musik haben wir das Recht, extrem zu sein. Die Nachtigall bringt uns mit einem kreischenden *Buri* zur Räson. Hier muss niemand jemandem etwas beweisen. Unser Vogel hat sich für einen Hochsitz im Wald auf dem Hügel entschieden, von dem aus er ganz Berlin überblickt, träumt langsam weiter von diesem unergründlichen Lied.

Wird der Musikbegriff von uns Menschen erweitert oder

verletzt, wenn wir uns mit diesen noblen Vögeln zusammentun? Die besten Städte haben hektargroße Grünflächen zu bieten, auf denen viele Nachtigallen leben, anscheinend sogar mehr als in unberührter Wildnis. Vielleicht sind es Vögel, die Habitate in Übergangszonen mögen, an den Grenzen zwischen Wald und Feld, in den von Menschen gestalteten Landschaften, die sie viel häufiger vorfinden als unberührte Natur. Könnte doch sein, dass der Mensch, als er sich das Land nutzbar machte, unbeabsichtigt ideale Habitate für diesen Vogel geschaffen hat.

Dieser Gedanke gibt mir Hoffnung. Mancherorts haben wir die Welt für Nachtigallen vielleicht ein bisschen besser gemacht, und wenn wir nun auch noch zuhören, erkennen wir womöglich den durch Zufall entstandenen Nutzen dieser Landschaftsgestaltung. Wenn Menschen auf diesem Planeten so leben, dass die Nachtigallen weiter singen und glücklich sind, haben wir unseren Garten gut bestellt.

Nachtigallen sind als Symbol und Vorstellung wesentlich besser bekannt als durch ihren Gesang, der so echt klingt. Und wie ließe sich dieser – so oft, aber nur intellektuell – gerühmte Gesang besser würdigen als dadurch, dass man nach Mitteln und Wegen zum Einstimmen sucht? Welche Eigenschaften meine Musik ausgebildet hat, um sich mit dem Gesang von Vögeln, Walen und Käfern zu verbinden, weiß ich, jetzt aber macht sich das Projekt durch die Einbeziehung anderer Stimmen auf zu neuen Ufern.

Als ich dieses Buch zu schreiben begann, ging es mir darum, einen Bogen von der Interaktion mit Nachtigallen zu der Frage zu schlagen, wie menschliche Musik sich in Naturmusik integrieren lässt. Ich frage mich, ob es mir gelungen ist, den Unterschied zwischen der ersten Begegnung eines neuen Musikers mit uraltem Vogelgesang und meine Freude darüber, wie viel ich von anderen Menschen gelernt habe, angemessen zu vermitteln. So viele Stunden neuer, schwer definierbarer Musik, die im Kontakt unsere Spezies mit einer anderen entsteht. Ich erwäge, dieses Material Tina Roeske zu geben, damit sie ihre Algorithmen damit füttern und Statistiken und Diagramme erstellen kann, die erklären, was das alles zu bedeuten hat. Zumindest eine Wissenschaftlerin traut sich, von Schönheit zu sprechen, und ist klug genug zuzugeben, dass sie nicht sagen kann, was das ist. «Ich fürchte, für die Weiterbeschäftigung mit solchen Ungewissheiten bekomme ich keine Forschungsmittel.» So stark unterscheidet sich das Leben von Künstlern und Wissenschaftlern vielleicht gar nicht.

Wiederholung, ein ums andere Mal, immer wieder von vorn, Ende der Durchsage. Der Gesang der Nachtigall ist ständig neu und immer gleich. Eine Nachtigall erkenne ich immer, ist es aber ein Sprosser oder eine gewöhnliche Nachtigall, eine *urretxindor* oder eine *fülemüle*? Suchen Sie sich selbst eine Sprache für das beste Wort aus.

Eines zumindest weiß ich aber, und erst recht, wenn einige von uns menschlichen Musikern in der Natur sind und mit diesen überschwänglichen Vögeln parlieren: Die Nachtigall mit ihrem Gesang wird uns überdauern, sie wird die ganze Nacht hindurch weiter tirilieren, wie sie es seit Millionen von Jahren tut, ob es bereits Städte gab, in denen sie freundliche Aufnahme fand, oder nicht. Ein, zwei, maximal drei Stunden, mehr schaffen wir menschlichen Musiker nicht, wenn wir im Dunkeln zu ihren Flötentönen, Klicks und *Buris* musizieren. Frieren wir zu sehr an den Händen und sehen wir die Melodien vor lauter Bäumen nicht mehr, packen wir unsere Sachen ein und gehen, während die *Bül-*

bül ihren Sieg schmettert. Wenn es ein Musikerwettstreit ist, wird den der Sänger immer gewinnen. Wenn es eine Aussprache ist, wird er immer das letzte Wort haben und als Solist weitersingen, bis das frenetische Morgengrauen seine Kadenz mit der Symphonie des aus vielen Kehlen erklingenden Mysteriums, der täglichen Konferenz der Vögel, zum Abschluss bringt.

In Peter Handkes Erzählung *Die morawische Nacht* besucht der Protagonist, ein in die Jahre gekommener «Ex»-Autor, ein Symposium über die Allgegenwart von Lärm im modernen Leben. Auf dieser Zusammenkunft wimmelt es von Menschen, denen der Lärm das Leben ganz und gar unerträglich gemacht hat. Wie so oft verwandelt Handke moderne Verzweiflung an diesem oder jenem in etwas Ergreifendes und Schönes:

> … geträumt habe ich die Urgeräusche in der Mehrzahl, jetzt das, und dann das. Ich habe sie nicht nur geträumt, sondern auch gehört am helllichten Tag, und wacher war ich vielleicht nie. Und gehört habe ich die Urgeräusche als Stimme. Ja, das Flappen eines Schmetterlingsflügels, auch wenn es inzwischen nichts mehr ist: Es hat mich einmal eingestimmt, es war einmal, immerhin. Oder, ja doch, das Klatschen dazumal jenes einen Tautropfens, Klatschen, das zugleich an der Hörgrenze geschah, und dann, im Abstand, ich einmal darauf eingestimmt, noch so ein Tropfen, und in der Folge, im selben großen Abstand, noch einer auftreffend, sagen wir, auf ein Holzscheit, auf die Kiesel in der Traufe, auf das Gehsteigpflaster, immer auf dieselbe Stelle, bis ich die Tropfen des Taus als ein Ticken hörte, ein regelmäßiges, einer unerhörten Uhr, die zugleich im inneren Ohr stimmhaft wurde …
>
> Urgeräusche, das hieß früher: Nachklänge, die für immer im Ohr bleiben würden – das versprachen sie wenigstens. Im Ohr? Nein, im Herzen, wo sie ursprünglich auch erklungen waren, ent-

sprechend dem Urgeräusch noch vor allen Urgeräuschen – also doch die Einzahl! –, jener Stimme im Traum, die mich seinerzeit geweckt hat, wie ich weder vorher noch später je geweckt worden bin ... Sogar ein Raunen, das inzwischen, als Wort schon, verpönte, hörte ich zeitweise als solch eine Stimme, ... und desgleichen auch ein gewisses Wispern. Und ein gewisses Hämmern? Ja, das auch. Und das eine oder andere Dröhnen, Röhren, Brausen, Schrillen, Trommeln? Wie denn nicht ...

In dem gängigen Lärm habe ich die Seele fast verloren. Verderblich ja vor allem am Lärm, dass ich wider meine bessere Ahnung gezwungen bin, die Lärmer auf den Lärm zu reduzieren ... Ein einziger lieber Laut, und meine Seele wird wieder gesund. Heimlichkeit: zeig mir den Ort, wo du verborgen bist.[39]

Das Urgeräusch, der vollkommene Klang, das Tirilieren der Nachtigall, Sharawaji – sie alle sind da, sind hier – man muss nur hinhören. Ich wünschte, ich könnte Ihnen sagen, Sie stehen mittendrin, wo immer Sie sind. Sagen kann ich es Ihnen schon, weiß aber, das genügt möglicherweise nicht. Bleiben Sie aufmerksam, bleiben Sie in Bewegung. Irgendwann kommen Sie hin.

2016 verlor die Welt einen Tierklang für immer, als im Zoo von Atlanta das letzte Exemplar des Rabbs Fransenzehen-Laubfroschs starb, von dem keine wildlebenden Populationen bekannt sind. Der Ruf dieses Froschs ist kurz, kratzig und nüchtern, wie bei allen Fröschen, aber auch wieder nicht. Es ist ein Klang, den wir niemals wieder hören werden. Er wird wiederholt und bildet so einen Rhythmus, die grundlegende Form der Musik. Ich vervielfältige ihn, lasse ihn rückwärts laufen, gebe ihm Hall und mische ihn in das Klangbild eines erfundenen Chors Hunderter solcher Frösche, deren fröhliches Quaken uns umgibt. Das ist eine reine Phantasie, denn so wie den Rabbs-Frosch, den es nicht mehr gibt, verlieren wir täglich zweihundert weitere Arten. (Jedoch nicht den Mut verlieren, denn es werden täglich auch dreiundvierzig neue entdeckt.) Es ist vielleicht töricht, wenn ich Optimist bleibe, wie aber soll man sonst mit den nicht enden wollenden schlechten Nachrichten leben? Wir werden im Laufe dieses Jahrhunderts noch mehr solche Verluste erleben.

Ich habe den Rabbs-Frosch in ein neues Stück eingebaut. Vom Klang der Gruppe geht es wieder zum Klang des einzelnen Tiers zurück, und der wiederum geht in den einer Thermometergrille über, eines Insekts, das zwar kaum zu sehen, aber keineswegs selten ist und dessen Gesang anheimelnd und rhythmisch ist, sehr inspirierend. Die Musik geht weiter, ein Quell des Glücks. Sie verklingt leise im Hintergrund, als der gewaltige Brunftschrei eines Elchs einsetzt, der auf dem Sonogramm in Abbildung 7 zu sehen ist und von Elliott Langs Aufnahme der in Pennsylvania in Gefangenschaft lebenden Herde stammt. Das souveräne Brüllen geht über in den majestätischen Gesang des Buckelwals, des größten und rätselhaftesten Sängers unter den Tieren, der manchmal vierundzwanzig Stunden am Stück singt, und das wiederum wird zum Schluss in den Gesang des Sprossers gerührt, der dem Wal stark ähnelt, aber immer schnell entschlüpft. Wie kommen der Gesang von Wal und Nachtigall zusammen? Zeigen Sie mir ihr Versteck; irgendetwas verbindet die Musik all dieser echten Außenseiter der Evolution, und wir wissen nicht, was. Vielleicht sollen wir es auch nie erfahren.

Der Sommer neigt sich dem Ende zu, und die Nachtigallen von Berlin finden, es ist jetzt Zeit zu gehen. Eine Nachtigall singt an einem kühlen Tag noch allein im Treptower Park, während rings um das große russische Kriegerdenkmal schon das Laub fällt. Es ist eigentlich zu spät im Jahr zum Singen, sie tut es aber dennoch, ohne sich darum zu scheren, was für sie jetzt ansteht oder was die Naturgesetze für sie vorgesehen haben. Im Norden kommt Wind auf und zieht nach Süden, und sie weiß, es ist Zeit zur Abreise. Sie drückt sich ab und fliegt los. Wir sehen sie in der Luft entschwinden.

Sie zieht in Richtung Prag und weiter in den Nahen Osten, überfliegt die arabischen Länder, deren Dichter sie seit Jahrhunderten rühmen. Unser Vogel fliegt weiter, saust und flattert bis nach Äthiopien – in einen Trockenwald im Hochland –, wo dieselben Musiker, die wir zu Beginn sahen, sich über ihre Instrumente kauern und mit Umschlagtüchern über dem Kopf dem Sandsturm trotzen. Der Sturm flaut ab, die Wüstensänger decken ihre Instrumente auf. Es sind keine Rebabs oder Gimbris, sondern DJ-Controller und 16-pad-Sampler, wie sie von Elektronik-Musikern heute überall auf der Welt verwendet werden.

Die anderen nehmen die Kopfbedeckungen ab. Es sind unsere Reisenden in Sachen Musik: Cymin, Korhan, Lembe und David. Es kann losgehen. Der Vogel beginnt zu singen, und wir können nicht anders und stimmen ein. Auch wir wollen das Gegenteil der Zeit sein, wenn alles wieder von neuem beginnt.

Ich suche nach den Worten, die in der Geschichte der Nachtigallenpoesie noch fehlen, Worten, die sonst niemand gesprochen hat. Wenn ich sie finde, werde ich schließlich wissen, was ich sagen muss.

Nachtigall –
Dein Lied überdauert uns alle.
Du sangst es lange, als wir die Zeit noch längst nicht maßen
oder deine Mitternachtscodes knacken wollten.

Immer dasselbe und nie dasselbe –
Egal! Cioran sagte, Menschen sind die einzigen
Affen, die sich zu langweilen fürchten;
wie fröhlich der Gorilla Tag für Tag ins Leere starrt!
Sind wir wirklich besser dran als er mit unsrer Zerstörung und
unseren Ängsten?

Nachtigall –
Dein Lied war da, als wir noch längst nicht kamen.
Ist es gestattet, dass wir mitsingen?
Jahrelang verstanden wir dich falsch, hörten Wahnsinn,
Liebe, unerfüllbar,
Dein Lied geht weit tiefer.
Genötigt zu singen, weißt du
immer genau, was zu tun ist.
Wann wissen Menschen etwas – egal was – je so genau?

Solange wir deine Welt nicht vernichten
und nicht bis ins Letzte ergründen,
wirst du nicht aufhören.

Recht so, mein *Bülbül*-Freund, *bitte* nicht aufhören.
Niemals enden.

DANKSAGUNG

Es ist fünf Jahre her, dass ich zum ersten Mal nach Berlin kam und mit Nachtigallen musizierte. Von Reinhard Schäfertöns eingeladen, konnte ich eine Gastprofessur an der Universität der Künste wahrnehmen. Ich danke allen meinen Berliner Studenten und meinen Freunden und Mitstreitern: Bernhard Wöstheinrich und Christine Kriegerowski, Markus Reuter, Tobias Fischer, Korhan und Tuçe Erel, Cymin Samawatie, Ralf Schwarz, Ari Benjamin Myers, Andrea Parkins, Marc Sinan, Justin Lépany, Frédéric L'Epée, Lucie Vítková, Lima Vafadar, Reelika Ramot, Jessica und Martin Ullrich, Silke Kipper, Sarah Kiefer, Constance Scharff, Michael Obert, Alex Tondowski, Chen Yang, Robert Henke, Maria Magdalena Wiesmaier, Shin-Hyang Yun, Tomas Saraceno, Bernd Brunner, Lars Schmidt, Zabriskie Books, Jensus, Christina Wheeler, David Abravanel, Brigid Gilbert, Todd Burns, Jeffrey Goldberg, Peter Cusack, Gaëlle Kreens, Erika Hoffmann und Hans Peter Kuhn, Hanna Mattes, Anna-Sophie Springer, Gabriele Tuch, Sarah Darwin und Silke Voight-Heucke.

Über die Jahre haben mich auch viele andere in meiner Leidenschaft für das Musizieren mit Tieren bestärkt und dieses Projekt auf andere Weise vorangebracht: Michael Prestel, Laurie Anderson, Marilyn Crispell, John Wieczorek, Robert Jürjendal, Jaron Lanier, Matthew Aidekman, Gunhild Seim, Benedicte Maurseth, Nicola Hein, Hans Tammen, Max Eastley, Richard Prum, Alvin Curran, Olga Mink, Helen Arusoo, Alexandra Duvekot, Sam Auinger, Lasse-Marc Riek, Martin Pedanik, Daniel Ladinsky, Gilles Alvarez, Hollis Taylor, Ofer Tchernichovski, Pauline Oliveros, Timothy Hill, Iva Bittová, Tina Roeske, Kate Rigby, Sam Lee, Kerry Andrew, Marcus Coates, Mark Pilkington, Bernd Herzogenrath, Alexander Pschera,

Anna Roberts-Gewalt, Tim Dee, Francesca Mackenney, Ville Tanttu, Mete Sasioglu, Petri Kuljuntausta, Dario Martinelli, Katja Hägelstam, Rauno und Outi Lauhakangas, Rachel Mundy, Edward Hirsch, Edie Meidav, Joan Maloof, Richard Powers, Lawrence Weschler und Brian Dolphin, die hier stellvertretend genannt sein sollen.

Danke an meinen Agenten Markus Hoffmann sowie meine Lektoren Christie Henry, Marta Tonegutti und Alan Thomas und die Lektoratsassistentin Susannah Engstrom bei der University of Chicago Press, die dieses Projekt bis zum Druck begleitet haben. Für die schöne Übersetzung ins Deutsche danke ich Silvia Morawetz. Bei Rowohlt gilt mein Dank Florian Illies, Martin Kulik, Nora Gottschalk, Moritz Schuller, Tessa Martin und Ingrid König für all ihre Arbeit an dem Projekt.Danke an das New Jersey Institute of Technology, seinen Direktor Fadi Deek, seinen Dekan Kevin Belfield und an den Leiter des Fachbereichs Geisteswissenschaften Eric Katz, die mich für ein Sabbatjahr in Berlin von der Leine gelassen haben. Ich hoffe, das Ergebnis sagt ihnen zu.

An John P. O'Grady und Evan Eisenberg, die beiden, die dieses Buch bereits während seiner Entstehung gründlich gelesen haben und denen ich mein Manuskript als Erste anvertraut habe: Ich bin froh, dass ihr in der Bergen in der Nähe lebt. Für seine fachmännische Durchsicht danke ich Tyran Grillo, seinerseits Verfasser scharfsinniger Texte über Musik. Und danke an meine Frau Jaanika Peerna, eine wunderbare Künstlerin und verständnisvolle Partnerin, und an unseren Sohn Umru, einem Klangforscher aus eigenem Recht, der Nachtigallenklänge schon bald neu mixen wird.

Und an die Vögel, die uns alle überleben werden mit ihrem Gesang.

ANHANG

ABBILDUNGSNACHWEIS

Kapitelaufmacher

Standfotos aus dem Dokumentarfilm *Nightingales in Berlin* von Ville Tanttu. Kapitel 2 Foto von Andrea Galvani. Mit freundlicher Genehmigung.

Bilder im Text

Abbildung 1: Kein anderer Nachtigallenton ist so sexy wie der *Buri*.
Abbildung 2: Olavi Sotavaltas Strukturanalyse des Lieds der Sprosser-Nachtigall.
Abbildung 3: Stereotyper versus variabler Gesangsstil bei vier verschiedenen Nachtigallen.
Abbildung 4: Die Pausen zwischen allen Silben einer Nachtigall, in einem Bild erfasst. Diagramm von David Rothenberg, Tina Roeske, Henning Voss, Mark Naguib und Ofer Tchernichovski: «Investigation of Musicality in Birdsong», *Hearing Research* 308 (2014), S. 71–83.
Abbildung 5: Ein Singvogelchor vor dem Hintergrund eines dröhnenden Flugzeugs. Diagramm von Almo Farina in: N. Pieretti, A. Farina und M. Morri: «A New Methodology to Infer the Singing Activity of a Avian Community: The Acoustic Complexity Index (ACI)», *Ecological Indicators* 11 (2011), S. 868–73.
Abbildung 6: Index akustischer Komplexität in unberührten und geräuschvollen Klanglandschaften. Diagramm von Almo Farina in: Almo Farina, Nadia Pieretti und Rachele Malavasi: «Patterns and Dynamics of (Bird) Soundscapes: A Biosemiotic Interpretation», *Semiotica* 198 (2014), S. 241–55.
Abbildung 7: Schreiender Elch in Pennsylvania, aufgenommen von Lang Elliott.
Abbildung 8: Duett von Spottdrossel und Polizeisirene.
Abbildung 9: Der Nachtigall-Imbiss (der Döner ist nicht übel).
Abbildung 10: Lars Schmidt auf dem Tempelhofer Feld.
Abbildung 11: Die gefallenen Dinosaurier im Spreepark. Foto von Calista McRae.
Abbildung 12: Korhan Erel. Standfoto aus dem Dokumentarfilm *Nightingales in Berlin* von Ville Tanttu.
Abbildung 13: Cymin Samawatie. Standfoto aus dem Dokumentarfilm *Nightingales in Berlin* von Ville Tanttu.
Abbildung 14: Lembe Lokk. Standfoto aus dem Dokumentarfilm *Nightingales in Berlin* von Ville Tanttu.

Farbiger Bildteil

Alle Tafeln und Bilder ohne Quellenangabe mit freundlicher Genehmigung von David Rothenberg.

ANMERKUNGEN

1 Zitiert in: Richard Mabey: *The Book of the Nightingales.* London, Sinclair-Stevenson 1997, S. 30.

2 Oliver Pike: *The Nightingale: Its Story and Song.* London, Arrowsmith 1932, S. 20.

3 Ebd., S. 21.

4 Rosa Luxemburg an Sophie Liebknecht, Wronke, Ende Mai 1917. in: Rosa Luxemburg: Briefe aus dem Gefängnis. Berlin, Verlag JHW Dietz Nachf. 1946.

5 Richard Prum: «Coevolutionary Aesthetics in Human and Biotic Artworlds», *Biology and Philosophy* 28, Nr. 5 (2013), S. 811–32.

6 Marvin Minsky sprach auf der Konferenz aus Anlass des sechzigsten Geburtstages des Komponisten R. Murray Schafer; Banff Centre, Alberta 1993.

7 Evan Eisenberg: *The Recording Angel.* New Haven, CT, Yale University Press 2005, S. 206.

8 John Berger: *Why Look at Animals?* (1977; London, Penguin 2009; dt. in: Das Leben der Bilder oder Die Kunst des Sehens. Berlin, Klaus Wagenbach 2009.

9 Pauline Oliveros: *Sounding the Margins.* Kingston. Deep Listening 2010.

10 Percy Bysshe Shelley: *A Defence of Poetry* (1821). Dt. Verteidigung der Dichtkunst.*

11 Roger Payne und Scott McVay: «Songs of Humpback Whales». *Science* 1873 (1971): S. 585–97.

12 T. S. Collett: «Pulling the Wings of Flies», *Nature* 401, Nr. 6748 (1999), S. 12.

13 Thomas Nagel: «What It is Like To Be a Bat?», *Philosophical Review* 83 (1974), S. 435–50. Dt.: Ulrich Diehl (Hrsg. und Übers.): Wie ist es, eine Fledermaus zu sein. Stuttgart, Reclam 2016.

14 Michael Weiss, Sarah Kiefer und Silke Kipper: «Buzzwords in Female's Ears? The Use of Buzz Songs in the Communication of Nightingales (*Luscinia megarhynchos*)» *PLoS ONE 7*, no. 9 (2012). Andere aber haben behauptet, die Pfeiflaute des Nachtigallenmännchens seien womöglich die sexiesten Silben. Siehe: Hansjörg P. Kune, Valentin Amrhein und Marc Naguib: «Acoustic Features of Song Categories and Their Possible Implications for Communication in the Common Nightingale (*Luscinia megarhynchos*)». *Behaviour* 142, no. 8 (August 2005), S. 1077–91.

15 Richard Prum: «The Lande-Kirkpatrick Mechanism Is the Null Model of Evolution by Intersexual Selection», *Evolution* 64 (2010), S. 3085–3100.

16 Olavi Sotavalta: «Song Patterns of Two Sprosser nightingales», *Annals of the Finnish Zoological Society «Vanamo»* 17, no. 4 (1956), S. 5.

17 Ofer Tchernichovski u. a.: «Studying the Song Development Process», *Bahavioural Neurobiology of Birdsong, Annales of the New York Academy of Sciences* 1016 (2004), S. 348–363. Siehe auch: Ofer Tchernichovski, Parthe Mitra u. a.: «Dynamics of the Vocal Imitation Process: How a Zebra Finch Learns Its Song». *Science* 291 (2001), S. 2564–69.

18 Ausführlich habe ich darüber in *Why Birds Sing* und in *Thousand Mile Song* geschrieben; und warum es wichtig ist, live zusammen mit Tieren zu musizieren, führe ich aus in: David Rothenberg, «Interspecies Improvisation», *Oxford Handbook of Critical Improvisation Studies*, vol. 1, ed. George Lewis and Benjamin Piekut. London, Oxford University Press 2016, S. 500–522.

19 Elizabeth Hellmuth Margulis, «Aesthetic Responses to Repetition in Unfamiliar Music», *Empirical Studies of the Arts* 30 (2013), S. 45–57. Siehe auch: Elizabeth Hellmuth Margulis: *On Repeat: How Music Plays the Mind*. New York, Oxford University Press 2013, S. 15.

20 Zu hören ist Matthew Barleys schönes Konzert mit uns und einer britischen Nachtigall auf soundcloud, siehe www.soundcloud.com/terranova/matthew-barley-live-with-a-nightingale, abgerufen am 15. 01. 2020.

21 David Rothenberg, Tina C. Roeske, Henning U. Voss, Marc Naguib und Ofer Tchernichovksi: «Investigation of Musicality in Birdsong». *Hearing Research* 308 (2014), S. 71–84.

22 Tina C. Roeske, Damian Kelty-Stephen und Sebastian Wallot: «Multifractal Analysis Reveals Music-like Dynamic Structure in Songbird Rhythms», *Scientific Reports* 8, article no. 4570 (2018), www.nature.com/articles/s41598-018-22933-2, abgerufen am 15. 01. 2020.

23 Almo Farina, Nadia Pieretti und Rachele Malavasi: «Patterns and Dynamics of (Bird) Soundscape: A Biosemiotic Interpretation», *Semiotica* 198 (2014), S. 241–55. Siehe auch: Almo Farina, *Soundscape Ecology*. Dordrecht: Springer 2014.

24 Persönliche Interviews mit Fred Jüssi am 19. Oktober 2015 und 2. August 2017.

25 David Quammen with photos by Stephen Wilke: «How National Parks Tell Our Story», *National Geographic*, Januar 2016. www.ngm.nationalgeographic.com/2016/01/national-parks-centennial-text#photographs, abgerufen am 15. 01. 2020.

26 Denis Diderot: *Diderot on Art II: The Salon of 1767*. New Haven. CT: Yale University Press 1995.

27 Mittlerweile ist die Produktion des Gerätes leider eingestellt worden.

28 Hans Slabbekoorn, «Songs of the City: Noise-Dependent Spectral Plasticity in the Acoustic Phenotype of Urban Birds», *Animal Behaviour* 85 (2013), S. 1089–99.

29 Ein weißer Papagei namens Snowball ist angeblich das einzige Tier, das einen

Rhythmus aufnimmt. Ich glaube nicht, dass dieses Verhalten so selten ist, diese Forscher aber schon: Ani Patel, John Iversen, Micah Bregman und Irena Schulz: «Experimental Evidence for Synchronization to a Musical Beat in a Nonhuman Animal». *Current Biology* 19 (2009), S. 827–30.

30 Interview mit Gordon Hempton, geführt von Nika Knight: www.guernicamag.com/interview/learning-to-listen, abgerufen am 15.01.2020.

31 John Muir, zitiert in: Gordon Hempton and John Grossmann: *One Square Inch of Silence*: New York, Free Press 2009, S. 245.

32 Bernie Krause, persönliches Gespräch.

33 Aus dem letzten von David Remnick mit Leonard Cohen geführten Interview. www.wnyc.org/story/leonard-cohen-last-interview, abgerufen am 16.01.2020.

34 Radioprogramm *Stylus* zu den Moodus Noises auf WBUR: www.stylusradio.org/post/79188275851/on-a-clear-summer-day-in-the-early-1980s-cathy, abgerufen am 16.01.2020. Siehe auch: Brian Kane, *Sound Unseen*: New York, Oxford University Press 2014.

35 Mittlerweile wurde das Gebäude von einem Immobilieninvestor aufgekauft.

36 Siehe den Abschnitt Weiterführende Literatur im Anhang zu Büchern über Nachtigallen, speziesübergreifende Musik und anderen wichtigen Quellen, die außerhalb des eigentlichen Themas dieses Buch liegen.

37 Immanuel Kant: *Kritik der Urteilskraft*. Hg. von Karl Vorländer. Mit einer Bibliographie von Heiner Klemme. Hamburg, Felix Meiner Verlag 1993. § 22, S. 86

38 Geoff Sample, persönliches Gespräch, März 2018.

39 Peter Handke: *Die morawische Nacht.* Frankfurt am Main, Suhrkamp 2008, S. 179–182.

QUELLENVERZEICHNIS DER GEDICHTFRAGMENTE

Quellen der zitierten Gedichtfragmente, sortiert nach Auftauchen im Text:

Motto

Saadi, Musliheddin: Von den Gesinnungen der Derwische. Übers. v. Karl Heinrich Graf. In: Der Rosengarten, München: Hyperionverlag, 2010.

Kapitel 1 – Der Vogel ist für uns verdorben

Arnold, Matthew (1853). Philomela. Übers. von Silvia Morawetz.

Kapitel 3 – Der Anbeginn der Zeiten

Coleridge, Samuel Taylor (1798). The Nightingale. A Conversation Poem. Übers. v. Levin Schücking. In: Gedichte. Sibyllinische Blätter. Nach S. T. Coleridge, Stuttgart u. Tübingen: J. G. Cotta, 1846, S. 215.
Clare, John (1832). The Progress of Rhyme.
Shelley, Percy Bysshe (1824). The Woodman and the Nightingale.
Shakespeare, William: Romeo und Julia. Übers. v. August Wilhelm Schlegel u. Ludwig Johann Tieck. In: Sämtliche Werke in vier Bänden, Berlin u. Weimar: Aufbau Verlag, 1975.
Shakespeare, William: Sonett 102. Übers. v. August Wilhelm Schlegel u. Ludwig Johann Tieck. In: Sämtliche Werke in vier Bänden, Berlin u. Weimar: Aufbau Verlag, 1975.
Merwin, William Stanley. Übers. von Silvia Morawetz.

Kapitel 5 – Klangorte

Eliot, Thomas Stearns: The Waste Land. In: Vier Quartette. Übers. von Ernst Robert Curtius, Berlin: Suhrkamp Verlag, 1964, S. 61.

Kapitel 6 – Der schönste Naturklang der Welt

Goethe, Johann Wolfgang v.: Die Wahlverwandtschaften. Ein Roman. Tübingen: J. G. Cotta, 1809.

Kapitel 9 – Gefeiert von allen

Hafis, Mohammed Schemsed-Din: Der Diwan. Übers. v. Josef von Hammer-Purgstall. Mit einem Nachwort von Stefan Weidner. München: Süddeutsche Zeitung, 2007, S. 76 f.

Hafis, Mohammed Schemsed-Din: Liebesgedichte. Übers. v. Cyrus Atabay. 15. Aufl. Frankfurt am Main: Insel Verlag, 2018, S. 55.

Saadi, Musliheddin: Von den Gesinnungen der Derwische. Übers. v. Karl Heinrich Graf. In: Der Rosengarten, München: Hyperionverlag, 2010.

Saadi, Musliheddin. Übers. v. Silvia Morawetz.

WEITERFÜHRENDE LITERATUR

Es gibt nur eine Handvoll ausschließlich der Nachtigall gewidmeter Büchern. Das früheste, das ich gefunden habe, ist Oliver Pike: *The Nightingale: Its Story and Song* (London: Arrowsmith 1932). Jüngeren Datums sind zwei ausgezeichnete Bücher aus der Feder von Richard Mabey: *The Book of Nightingales* (London: Sinclair-Stevenson 1997) und *The Barley Bird: Notes on the Suffolk Nightingale* (Framingham: Full Circle Editions 2010). Edward Hirsch trug eine wunderbare Kollektion aller Gedichte über Nachtigallen zusammen, die er finden konnte: *To a Nightingale: Sonnets and Poems from Sappho to Borges* (New York: George Braziller 2007). Einer der besten längeren Kapitel über Nachtigallen findet sich in Ton Lemaire: *Op vleugels van de ziel* (Amsterdam: Ambo 2007). Ja, das Buch ist auf Niederländisch, aber Sie können folgen.

Über Vögel und Musik allgemein schreibt Hollis Taylor: *Is Birdsong Music?* (Bloomington: University of Indiana Press 2017) das bei weitem ausführlichste Werk zu dem Thema, das mir sehr am Herzen liegt. Mein eigenes Buch *Why Birds Sing* (New York: Basis Books 2005) widmet sich mit Blick auf Musik, Poesie und Wissenschaft der Frage, was Menschen über die Ästhetik der Vögel wissen, und zieht dafür mehr Texte der Klassik heran als der hier vorliegende Band. Seitdem sind ein paar einschlägig wichtige glänzende Bücher herausgekommen, etwa Donald Koodsma: *The Singing Life of the Birds* (Boston: Houghton Miffling 2005) und Johan Bolhuis und Martin Everaert (eds.): *Birdsong, Speech and Language* (Cambridge, MA: MIT Press 2013).

Jeder hat seine Lieblingsbücher über Berlin, eine der Großstädte, über die am meisten geschrieben wurde. Mir gefallen Joseph Roth: *What I Saw: Reports from Berlin 1920–1933* (New York: Norton 2002), Chloe Aridjis *Book of Clouds* (New York: Grove Press 2009; dt. von Klaus Bonn als «Buch der Wolken»: Edition Nautilus 2017); Anna Funder, *Stasiland* (New York: Harper 2011; dt. als «Stasiland», Hamburg, Evangelische Verlagsanstalt 2004) und Paul Beattys urkomisches *Slumberland* (New York: Bloomsbury 2008, dt. als «Slumberland». München, Blumenbar 2009).

Zur Ökoakustik liegen einige gründliche Werke vor, das vielleicht ausführlichste ist Almo Farina: *Soundscape Ecology* (New York: Springer 2014). Das einzige Buch, das den Sharawaji-Effekt erwähnt, ist Jean-François Augoyard und Henri Torgue: *Sonic Experiment: A Guide to Everyday Sounds* (Kingston, Ont.: McGill-Queens University Press 2006). Brian Kanes *Sound Unseen* (New York: Oxford University Press 2014) befasst sich mit dem Nutzen seltsamer Geräusche, für die wir keine Namen haben. Von Bernie Krause stammen das ausgezeichnete Buch *The Great Animal Orchestra* (New York: Little, Brown 2012; dt. «Das Orchester der Tiere». München, Kunstmann 2013) und das neuere *Voices from the Wild: Animal Songs Human Din, and the Call to Save Natural Landscapes* (New Haven, CT: Yale University Press 2015). Der wunderbare zweisprachige Katalog zu seiner Ausstellung in der Fondation Cartier, *Le grand orchestre des animaux* (London: Thames & Hudson 2017), ist atemberaubend. Gordon Hempton suchte nach *One Square Inch of Silence* (New York: Free Press 2009); sein aufschlussreiches neueres Buch *Earth Is a Solar Powered Jukebox* (Port Townsend, WA: Quiet Planet 2016) ist nur über seine Webseite www.quietplanet.com erhältlich. Lang Elliott ist der Verfasser vieler ausgezeichneter Werke, teils mit beigelegten Hörbeispielen seiner makellosen Aufnahmen, darunter *Music of the Birds* (Boston: Houghton Mifflin 1999) und *Guide to Wildlife Sounds* (Lanham, MD: Stackpole Books 2005).

Nachtigallen in Berlin hat der Poesie der Welt, in der die Nachtigall gerühmt wird, vieles zu verdanken. Inspiration habe ich in der oben angeführten feinen Anthologie von Ed Hirsch gefunden, bei Simon Armitage und Tim Dee in: *The Poetry of Birds* (London: Penguin 2011); Billy Collins, ed.: *Bright Wings: An Illustrated Anthology of Poems about Birds* (New York: Columbia University Press 2009); Attar: *The Conference of the Birds*, übersetzt von Sholeh Wolpe (New York: Norton 2017); Graeme Gibson: *A Bedside Book of Birds* (New York: Talese 2005) und natürlich in der Dichtung von Hafis, die in mehreren Übersetzungen vorliegt, darunter die kreativen von Daniel Ladinsky, etwa *The Gift* (New York: Penguin 1999) und *I Heard God Laughing* (New York: Penguin 2006), oder die rhapsodischen Übertragungen von Dick Davis: *Faces of Love: Hafez and the Poets of Shiraz* (New York: Penguin 2013) und, vom selben Autor, das neuere *The Nightingales Are Drunk* (London: Penguin Classics 2015). Texte von Saadi sind auf Englisch weniger leicht zu finden, aber Wheeler Thackston übersetzte den *Gulistan* (Bethesda, MD: Ibex 2007); andere Versionen findet man leicht online.

Warum sind nun die Lieder der Nachtigall so schön? Die sexuelle Selektion hat etwas damit zu tun, eine Theorie Darwins, mit der hundert Jahre nicht viel Federlesens gemacht wurde, bis drei neuere Bücher sich des Themas annahmen: mein eigenes *Survival of the Beautiful* (New York: Bloomsbury 2011); Richard Prum, *The Evolution of Beauty* (New York: Dutton 2017) und Michael Ryan, *A Taste for the Beautiful* (Princeton, NJ: Princeton University Press 2018).

NACHTIGALLEN IN BERLIN: DIE MUSIK

Zu diesem Buch gibt es eine Webseite in englischer Sprache – www.nightingalesinberlin.com – mit Links zu Hörbeispielen für alle Sonogramme, die im Text vorkommen, außerdem Fotos von mit mir und den Vögeln spielenden Musikern, diverse Videos und, ergänzend, noch weitere Klangbeispiele für die hier erzählte Geschichte. Links zu den Sonogrammen im Buch befinden sich auch auf Soundcloud.

Von mir sind bisher zwei Alben mit Live-Musik mit Nachtigallen erschienen, der Auftritt eines Trios, bestehend aus Lucie Vítková als Sängerin, mir selbst an der Karinette und einem vorzüglichen Vogel, betitelt *And Vex the Nightingale* und entstanden 2015, sowie *Berlin Bülbül* mit Korhan Erel an den Electronics, das auch Live-Auftritte aus dem Jahr 2014 in den Parks von Berlin enthält.

Das neue Album *Nightingales in Berlin*, das mit dem Buch erschienen ist, versammelt Live-Aufnahmen, die 2016 und 2017 in Berlin und Finnland entstanden. Die weiter unten angeführten Tracks sind zum Download und zum Streaming bei den üblichen Online-Quellen verfügbar. Es gibt auch eine Doppel-CD mit dem Titel *Nightingale Cities*, die Tracks aus Berlin und Helsinki enthält, die online nicht zu finden sind.

1. Der *Buri* (3:35)
Viktoriapark, Berlin-Kreuzberg, 5. Mai 2017
Lembe Lokk, Gesang
Sanna Salmenkallio, Geige
David Rothenberg, Klarinette
Nachtigall
Das ist der Ton, der so sexy ist wie kein zweiter, kaum vernehmlich auf 0:33 und 1:52, erklingt er über dem wiederkehrenden mini-

malistischen Zyklus aus menschlicher Stimme und Instrumenten, die den Gesang der Nachtigall grundieren. Dieses Stück drückt in nuce aus, was an dieser Edition speziesübergreifender Musik so besonders ist – es ist ein Gruppenprozess, nicht ich allein mit den Vögeln. Wir sind mehrere. Und das Ensemble wird größer.

2. Dreaming Slow (7:32)

Volkspark Hasenheide, 28. April 2016
Lembe Lokk, Gesang
David Rothenberg, Klarinette
Nachtigall
Lembes schönes Lied lässt dem Vogel Raum für Zwischenrufe – Freund oder Feind, Tatsache oder Traum. Es ist wirklich passiert, genau so.

3. While Birds Chant Praises (2:38)

Landwehrkanal, Kreuzberg, 10. Mai 2017
Cymin Samawatie, Gesang
David Rothenberg, Klarinette
Lembe Lokk, Gesang
Nachtigall
Cymin singt einen eigenen Text:

> Today I give my sorrow free rein
> Drench my pain with your deep tones
> Dearest Kim, please don't stop, please don't stop.
>
> I want to open all my wounds
> And let the tears flow
> In this moment setting wisdom aside

4. You've Ruined This Bird For Us (4:08)

Volkspark Hasenheide, 23. April 2016
Korhan Erel, iPad
Nachtigall

Sie haben es gehört. Korhan Erel pirscht sich an eine Nachtigall heran, indem er ihren Gesang mit einer App namens Samplr sampelt und sie, neu gemischt, dem singenden Vogel vorspielt. Ist unser Sänger damit für die Wissenschaft verdorben? Wenn Sie ein paar Jahre in der Natur zuhören, können Sie sich selbst ein Urteil bilden.

5. The Nightingales Are Drunk (8:09)
Landwehrkanal, Kreuzberg, 9. Mai 2017
Lembe Lokk, Gesang
Korhan Erel, iPad
Dvid Rothenberg, Klarinette
Nachtigall
Hafis' berühmte Worte bilden den Grundton für den Klang der Nacht.

6. Sharawaji Blues (4:48)
Tullisaari Park, Helsinki, 30. Mai 2016
David Rothenberg, Klarinette
Sprosser-Nachtigall
In Helsinki müssen Nachtigallen damit fertig werden, dass es niemals richtig dunkel wird. Begeistert sind sie davon nicht, weil sie leicht zu entdecken sind. Deshalb sind sie ständig in Bewegung. Das, in der letzten Nacht unserer speziesübergreifenden Musik im Norden, war der Moment, in dem ich das ganze Unternehmen gründlich satthatte. Und es ist mein Lieblingsduett des Jahres.

7. Willow Wind (3:27)
Tullisaari Park, Helsinki, 28. Mai 2016
David Rothenberg, *seljefløyte*
Sprosser-Nachtigall
Hier spiele ich eine traditionelle norwegische Oberton-Weidenflöte, die *seljefløyte*, die nur die hohen Töne der Naturtonreihe hervorbringt. Ob der Vogel das weiß?

8. No One Sings at Dawn Alone (6:55)
Tullisaari Park, Helsinki, 28. Mai 2016
David Rothenberg, Bassklarinette
Sprosser-Nachtigall, Amseln
Bei Tagesanbruch, in Finnland im Mai de facto mitten in der Nacht, erhebt sich die Stimme der Nachtigall über den größer werdenden Amselchor und das tiefe Trommeln der Bassklarinette.

9. The Morning Electric (3:23)
Tullisaari Park, Helsinki, 30. Mai 2016
David Rothenberg, iPad
Sprosser-Nachtigall, Wiesenralle, Schilfrohrsänger
Mit dem Morgengrauen kommt die Maschine. Unser Vogel hat es mit Texturen zu tun, nicht mit Noten, und seine Sangesbrüder finden in dem Mischmasch ebenfalls ihren Platz.

10. *Sisitschak* (4:19)
Mäntyharju, Finnland, 28. Mai 2016
David Rothenberg, *furulya*
Buschrohrsänger
In Zentralfinnland geraten wir durch Zufall in eine Jam-Session von Buschrohrsängern, der musikalischsten Art der europäischen Rohrsänger. Über diesen Vogel sagt Geoff Sample, man könne ihn auch *sisitschak* nennen, nach dem Klang der Töne, die er produziert. Sie spielen gemeinsam mit Riffs und mit Klängen, verteidigen offenbar weder Reviere, noch wollen sie Weibchen beeindrucken. Ich stimme mit einer bulgarischen Doppelpfeife ein, der *furulya*.

11. Alien Beauty (5:42)
Tullisaari Park, Helsinki, 30. Mai 2016
David Rothenberg, iPad, Klarinette
Sprosser-Nachtigall, Schildrohrsänger
Etwas später am selben letzten Morgen in Helsinki taucht mitten in der Natur ein präziserer Elektro-Sound auf – ergibt das auch nur ein Fitzelchen Sinn?

12. She's Finally Here (3:59)
Volkspark Humboldthain, Berlin, 9. Mai 2018
David Rothenberg, Klarinette
Benedicte Maurseth, Hardangerfiedel
Nachtigall
Zuletzt hören wir die gedämpften kurzen Phrasen eines Nachtigallenmännchens, die nur erklingen, wenn ein Weibchen eingetroffen ist. Zu irgendetwas war sein ausdauerndes Singen also doch gut …

13. I Cannot Go Home (3:59)
Floraplatz, Berlin-Tiergarten, 7. Mai 2018
David Rothenberg, Halbklarinette
Wassim Mukdad, Oud
Volker Lankow, Rahmentrommel
Ines Thieleis, Gesang
Nachtigall
Unser Vogel singt mit. Hört er den Sog, der von dem Rhythmus ausgeht, oder kreuzt bloß Geräusch seinen Weg? «Dem Vogel macht es nichts aus, Tausende von Meilen zu reisen», sinniert Wassim. «Ich musste so viele Grenzen überqueren, um hierherzukommen, und falls ich jemals nach Syrien zurückkehre, werde ich wahrscheinlich getötet. In meiner Heimat war ich Arzt und protestierte als Aktivist gegen den Krieg. Hier in Berlin bin ich Musiker. Manchmal geht das Leben solche Wege.»

14. Exit Music (4:04)
Viktoriapark, Berlin-Kreuzberg, 5. Mai 2017
Lembe Lokk, Gesang
Sanna Samenkallio, Geige
David Rothenberg, Klarinette
Polizei, die uns verscheucht
Nachtigall
In Ordnung, das letzte Stück, es ist gleich ein Uhr nachts, und die Nachbarn haben die Nase voll von uns. Ich muss an den Schluss von

Monty Python und der Ritter der Kokosnuss denken, als die Polizei aufkreuzt und alle abtransportiert.

15. Nightingale, You Are The One (6:06)
Viktoriapark, Berlin-Kreuzberg, 5. Mai 2017
Zuletzt kann unser Vogel allein singen, unbegleitet, ohne Menschen, die ihn stören. Zum Schluss triumphiert die Natur.

Gesamtzeit: 75:00
Aufgenommen live von David Rothenberg, Ville Tanttu und Reelika Ramot.
Mixed and mastered von David Rothenberg